中国石油大学(北京)学术专著系列

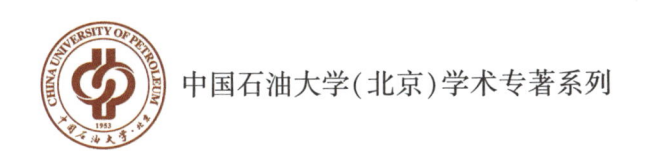

成品油管道调度优化技术及应用

主　编：梁永图
副主编：廖　绮　闫亚敏

石油工业出版社

内 容 提 要

本书结合实际系统介绍了成品油管道调度优化技术。主要内容包括：成品油管道调度基本知识；成品油管道调度问题研究现状；成品油管道调度计划编制方法；成品油管道基础调度优化模型；成品油管道改进调度优化模型；成品油管道改进调度优化模型求解算法；成品油管道水力优化模型和求解算法；复杂工艺成品油管道调度优化方法等。

本书可供成品油管道运行管理人员研究和学习使用，也可用于高等院校油气储运工程等相关专业师生参考阅读。

图书在版编目(CIP)数据

成品油管道调度优化技术及应用/梁永图主编．
—北京：石油工业出版社，2021.11
ISBN 978-7-5183-3581-7

Ⅰ.①成… Ⅱ.①梁… Ⅲ.①成品油管道—管道输油—运输调度 Ⅳ.①TE832

中国版本图书馆 CIP 数据核字(2020)第 060920 号

出版发行：石油工业出版社
（北京安定门外安华里2区1号楼　100011）
网　　址：www.petropub.com
编辑部：(010)64523687　图书营销中心：(010)64523633
经　　销：全国新华书店
印　　刷：北京中石油彩色印刷有限责任公司

2021年11月第1版　2021年11月第1次印刷
787×1092毫米　开本：1/16　印张：11.25
字数：170千字
定价：80.00元
（如出现印装质量问题，我社图书营销中心负责调换）
版权所有，翻印必究

丛书序

科技立则民族立，科技强则国家强。党的十九届五中全会提出了坚持创新在我国现代化建设全局中的核心地位，把科技自立自强作为国家发展的战略支撑。高校作为国家创新体系的重要组成部分，是基础研究的主力军和重大科技突破的生力军，肩负着科技报国、科技强国的历史使命。

中国石油大学（北京）作为高水平行业领军研究型大学，自成立起就坚持把科技创新作为学校发展的不竭动力，把服务国家战略需求作为最高追求。无论是建校之初为国找油、向科学进军的壮志豪情，还是师生在一次次石油会战中献智献力、艰辛探索的不懈奋斗；无论是跋涉大漠、戈壁、荒原，还是走向海外，挺进深海、深地，学校科技工作的每一个足印，都彰显着"国之所需，校之所重"的价值追求，一批能源领域国家重大工程和国之重器上都有我校的贡献。

当前，世界正经历百年未有之大变局，新一轮科技革命和产业变革蓬勃兴起,"双碳"目标下我国经济社会发展全面绿色转型,能源行业正朝着清洁化、低碳化、智能化、电气化等方向发展升级。面对新的战略机遇,作为深耕能源领域的行业特色型高校,中国石油大学(北京)必须牢记"国之大者",精准对接国家战略目标和任务。一方面要"强优",坚定不移地开展石油天然气关键核心技术攻坚,立足油气、做强油气;另一方面要"拓新",在学科交叉、人才培养和科技创新等方面巩固提升、深化改革、战略突破,全力打造能源领域重要人才中心和创新高地。

为弘扬科学精神,积淀学术财富,学校专门建立学术专著出版基金,出版了一批学术价值高、富有创新性和先进性的学术著作,充分展现了学校科技工作者在相关领域前沿科学研究中的成就和水平,彰显了学校服务国家重大战略的实绩与贡献,在学术传承、学术交流和学术传播上发挥了重要作用。

科技成果需要传承,科技事业需要赓续。在奋进能源领域特色鲜明世界一流研究型大学的新征程中,我们谋划出版新一批学术专著,期待我校广大专家学者继续坚持"四个面向",坚决扛起保障国家能源资源安全、服务建设科技强国的时代使命,努力把科研成果写在祖国大地上,为国家实现高水平科技自立自强，端稳能源的"饭碗"作出更大贡献，奋力谱写科技报国新篇章！

中国石油大学（北京）校长 吴小林

2021 年 11 月 1 日

本书序

时光荏苒，光阴似箭，自 1998 年以来，我一直致力于成品油管道调度领域研究，至今已有二十余年。"十年磨一剑"，多年来，我和我的学生们所研究的成果、所积累的经验在国内诸多成品油管道上得以应用，同时在国外成品油管道调度学术研究领域也占有了一席之地，一定程度上提升了我国成品油管道企业的管理水平和工作效率。

最令人感到欣慰的是，自己培养的学生们毕业后能够应用所学的知识取得一定成绩。我时常在想，如果能将多年研究的成果进行总结，从而影响到更多的人投身到中国油气管网的建设与管理当中，对于一名教师而言，那将是一件十分幸福的事情。这愈加坚定了我加快完成本书的初心与决心。

《成品油管道调度优化技术及应用》一书相对全面地总结了我多年来的学术成果，可作为成品油管道运行管理人员研究和学习用书，也可用于高等石油院校油气储运工程专业本科生和研究生的教学用书并供广大石油科技工作者参考。

本书的成功出版离不开成品油管道调度领域先驱们的探索与实践，是所有人共同努力的结果，在此深深感谢所有给予本书支持和帮助的同领域工作者，特别要感谢我的导师宫敬教授。

即使在本书的编写过程中我力求叙述内容准确完善，但由于水平有限，书中欠妥之处在所难免，恳请广大读者和同仁能够不吝赐教。

希望本书能为读者的学习和工作提供帮助！

梁永图

2021 年 4 月

前　　言

当前，我国的成品油资源配置存在跨省区资源配置不合理、资源与市场间运输距离长、成品油跨区域调配难度大等问题，成品油管道的建设与发展可有效解决上述问题。截至 2020 年底，我国成品油主干管道里程已达到 3.2 万千米。根据国家发展和改革委员会发布的《中长期油气管网规划》，到 2025 年，我国要实现"全国 100 万人口以上城市成品油管道基本接入"，这标志着我国将进入成品油管道建设的高速发展期。在成品油管道运行管理中，调度计划是指导管道调度运行的基础依据。确定各油源点的注入计划、各分输站的分输计划及各泵站的启泵方案等使管道的运行达到某种最优是管道调度优化的实质所在。

编者长期致力于油气管道工程领域的系统优化研究与教学工作，在成品油管道调度优化模型建立、优化算法开发等方面取得了一些成果。以运筹学、系统工程为基础，建立了适用于复杂输送工艺的成品油管道调度模型，开发了基于自学习技术快速求解复杂成品油管道调度模型的优化算法和改进的群体智能算法，提出了一套指导成品油管道运行的优化理论体系，并将该体系成功应用于国内浙江省、云南省，以及西南其他地区成品油管网等。

本书是在广泛调研国内外文献的基础上，结合编者在成品油管道调度优化领域的研究成果撰写而成的。撰写本书的初衷是希望与各位同行专家、学者分享编者在成品油管道调度优化技术研究方面取得的一些成果，并开拓该研究方向的交流和学习渠道。本书可作为从事成品油管道运行管理人员的培训教材，也可作为高等院校油气储运专业教学的辅助教材。为更好地理解本书内容，需要读者对运筹学有一定的了解。

全书共分为 8 章，主要内容包括：成品油管道调度基本知识；成品油管道调度问题研究现状；成品油管道调度计划编制方法；成品油管道基础调度优化模型；成品油管道改进调度优化模型；成品油管道改进调度优化模型求解算法；成品油管道水力优化模型和求解算法；复杂工艺成品油管道调度优化方法。

本书由梁永图组织编写完成，其中第 1 章由周星远和闫亚敏编写，第 2 章由李政兵和张博编写，第 3 章由郭强、姜夏雪和闫亚敏编写，第 4 章由邵奇和戴元豪编写，第 5 章由张万、段志刚和廖绮编写，第 6 章由徐宁和赵伟编写，第 7 章由张浩然和黎一鸣编写，第 8 章由邱睿、郑坚钦和戴元豪编写，全书由梁永图统稿。

本书在编写过程中得到诸多老师和专家的支持和帮助，特别是郭晓磊、郭祎、李旺、沈亮、王大鹏、王剑波、杨发富、杨文、赵晓丽和左志恒，在此一并致以衷心的感谢。

由于编者水平有限，书中难免存在疏漏和错误之处，恳请读者批评、指正。

编者
2021 年 11 月

目　　录

第1章　成品油管道调度基本知识 …………………………………（ 1 ）

　1.1　成品油管道组成及特点……………………………………（ 2 ）

　1.2　管道运行模式………………………………………………（ 4 ）

　　1.2.1　泵站运行模式…………………………………………（ 5 ）

　　1.2.2　分输站运行模式………………………………………（ 5 ）

　　1.2.3　工况调节方法…………………………………………（ 6 ）

　1.3　运行计划与调度……………………………………………（ 6 ）

　　1.3.1　运行计划分类…………………………………………（ 6 ）

　　1.3.2　运行计划与调度的关系………………………………（ 7 ）

　　1.3.3　调度的特点……………………………………………（ 8 ）

　　1.3.4　调度计划编制类型……………………………………（ 9 ）

　1.4　管道调度技术………………………………………………（ 11 ）

　　1.4.1　调度计划离线模拟……………………………………（ 11 ）

　　1.4.2　模型假设………………………………………………（ 12 ）

　　1.4.3　优化目标………………………………………………（ 12 ）

　　1.4.4　运行工艺约束…………………………………………（ 14 ）

第2章　成品油管道调度问题研究现状 ……………………………（ 17 ）

　2.1　调度计划编制研究现状……………………………………（ 18 ）

　2.2　调度技术研究现状…………………………………………（ 19 ）

I

2.2.1　建模方法 ……………………………………………（ 19 ）

　　2.2.2　求解方法 ……………………………………………（ 22 ）

2.3　调度软件研究现状 …………………………………………（ 25 ）

2.4　我国成品油管道调度面临的挑战和机遇 …………………（ 27 ）

第3章　成品油管道调度计划编制方法 ………………………（ 31 ）

3.1　批次运移图 …………………………………………………（ 32 ）

3.2　批次到站时间的影响规律探讨 ……………………………（ 33 ）

　　3.2.1　计划分输流量的影响分析 ……………………………（ 35 ）

　　3.2.2　计划分输体积的影响分析 ……………………………（ 35 ）

　　3.2.3　计划分输时间的影响分析 ……………………………（ 35 ）

3.3　管道计划编制的"斜率"模拟方法 …………………………（ 37 ）

　　3.3.1　模拟方法 ………………………………………………（ 37 ）

　　3.3.2　沿线批次约束 …………………………………………（ 39 ）

　　3.3.3　沿线批次分配求解方法 ………………………………（ 40 ）

　　3.3.4　连续分输操作下的计划编制机制 ……………………（ 40 ）

3.4　管道计划的"积木"调整方法 ………………………………（ 41 ）

　　3.4.1　调整方法 ………………………………………………（ 41 ）

　　3.4.2　管道始端注入流量富余量计算 ………………………（ 41 ）

　　3.4.3　批次到站时间提前量计算 ……………………………（ 42 ）

　　3.4.4　注入流量值调整机制 …………………………………（ 42 ）

第4章　成品油管道基础调度优化模型 ………………………（ 45 ）

4.1　模型基础 ……………………………………………………（ 46 ）

　　4.1.1　节点和管段描述 ………………………………………（ 46 ）

　　4.1.2　时间表达 ………………………………………………（ 47 ）

　　4.1.3　基础参数及决策结果 …………………………………（ 47 ）

4.2　基础调度模型 ………………………………………………（ 47 ）

  4.2.1 基于批次跟踪的调度模型 …………………………………（48）

  4.2.2 基于油品跟踪的调度模型 …………………………………（54）

第5章 成品油管道改进调度优化模型 ……………………………（61）

 5.1 模型基础 ………………………………………………………（62）

  5.1.1 时间节点排序 ………………………………………………（62）

  5.1.2 基础参数及决策结果 ………………………………………（66）

 5.2 改进调度模型 …………………………………………………（66）

  5.2.1 连续时间模型 ………………………………………………（66）

  5.2.2 离散时间模型 ………………………………………………（69）

 5.3 调度工艺 ………………………………………………………（70）

  5.3.1 混油相关工艺 ………………………………………………（71）

  5.3.2 站场分输工艺 ………………………………………………（73）

  5.3.3 管道运行平稳 ………………………………………………（74）

第6章 成品油管道改进调度优化模型求解算法 ……………………（75）

 6.1 两阶段求解算法 ………………………………………………（76）

  6.1.1 算法介绍 ……………………………………………………（76）

  6.1.2 算法应用实例 ………………………………………………（77）

 6.2 自学习求解算法 ………………………………………………（81）

  6.2.1 算法介绍 ……………………………………………………（81）

  6.2.2 算法应用实例 ………………………………………………（83）

 6.3 数据驱动求解算法 ……………………………………………（86）

  6.3.1 算法介绍 ……………………………………………………（86）

  6.3.2 算法应用实例 ………………………………………………（90）

第7章 成品油管道水力优化模型和求解算法 ………………………（95）

 7.1 成品油管道水力特性 …………………………………………（96）

7.2 模型建立方法 …………………………………………（98）
   7.2.1 模型基础 ……………………………………（98）
   7.2.2 离散时间模型 ………………………………（102）
   7.2.3 混合时间模型 ………………………………（104）
7.3 模型求解方法 …………………………………………（107）
   7.3.1 动态规划算法 ………………………………（108）
   7.3.2 元启发式算法 ………………………………（109）
   7.3.3 混合求解策略 ………………………………（112）
   7.3.4 分支定界算法 ………………………………（115）

第8章 复杂工艺成品油管道调度优化方法 …………（119）

8.1 复杂工艺成品油管道调度 ……………………………（120）
8.2 基于流量控制的调度优化方法 ………………………（124）
   8.2.1 流量数据库建立 ……………………………（124）
   8.2.2 模型建立 ……………………………………（126）
   8.2.3 模型求解 ……………………………………（128）
8.3 基于压力控制的调度优化方法 ………………………（133）
   8.3.1 目标函数 ……………………………………（133）
   8.3.2 约束条件 ……………………………………（134）
   8.3.3 模型求解 ……………………………………（138）

附录A 第6章算例结果补充 ………………………………（141）

附录B 第8章算例结果补充 ………………………………（149）

附录C 参数和变量符号说明 ………………………………（153）

参考文献 ……………………………………………………（162）

第1章　成品油管道调度基本知识

成品油是原油经加工后获得的产品,其常用的运输方式有水路运输、公路运输、管道运输和铁路运输四大类。综合对比分析,水路运输所使用的油轮载重较大,较为经济,但易受地理环境限制。公路运输所使用的油罐车载重小,综合费用较高,通常仅用于终端配送。管道和铁路运输是成品油陆上运输的两种主要方式,其中管道运输受气候及外界影响小、安全性好、输送量大、环境污染小、损耗和运行成本低,发展十分迅速,使用范围不断扩大。

成品油管道通常采用顺序输送方式,即在同一条管道内,按一定顺序连续地输送不同种油品。承运商根据各托运方提交的初始计划,进行管输能力分配并制订相应的管道运输计划。调度人员需要结合管道的输送能力、上游炼油厂生产计划、下游市场油品需求计划,合理调配资源,使得管道运行达到某种最优目标,同时对生产可行性、安全性和经济性进行评估,确保成品油管道系统经济、高效、安全地运行。

本章将介绍成品油管道调度的基本知识,包括管道组成及特点、运行模式、调度工艺和调度计划等内容。

1.1 成品油管道组成及特点

成品油管道作为连接上游油品生产与下游油品消费的桥梁,主要由首站(输入站)、泵站、分输站(下载站)、注入站、输油管线、生产设备及其他相关设备组成,用于完成多种油品的接卸及转输(图1.1)。输入站是管道输油的站,其供油量能达到管道的全输量,一般设置在首站;注入站具有与输入站相同的性质及流程,但是其输油量达不到管道的全输量,通常只注入与正在经过该站相同性质的油品。输入站和注入站接收成品油,进行计量、储存、增压并向下游站场输送;泵站设有相配套的泵机组设施,可为输送油品提供压能;分输站的功能是按期、按质和按量分输管道内油品。油品自管道卸出经计量后进入油罐。管道系统的其他相关设备包括辅助与控制系统、油品界面检测装置、清管器收发装置、过滤装置、计量标定系统、储油罐、调压和水力泄放装置等。

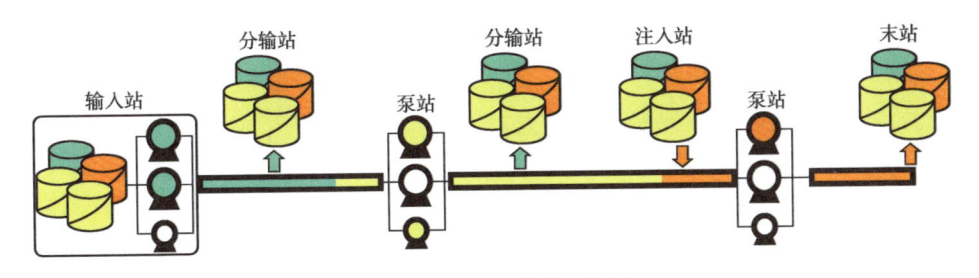

图 1.1 成品油管道示意图

成品油管道运行有以下特点：

（1）成品油管道一般采用常温密闭输送，当管道中某处压力和流量发生变化时，会对整个管道系统运行产生影响。

（2）成品油管道的输油量和输送油品种类会随市场和季节变化发生波动，不同时期、不同地域的油品需求量和需求种类差异也很大。因此，在管道建设和运行时要尽可能适应市场需要，从而保证运营者经济效益。

（3）为满足向管道沿线及附近城市供油的需求，成品油管道呈现多分支和多出口的特征，且管道沿线任何一处分输或注入后，其下游流量均可能发生变化。成品油管道可顺序输送多种油品（科洛尼尔管道输送油品达百种以上），其注入和分输油品均受炼油厂供应和市场需求的限制，运行调度难度大。为了满足沿线市场的需求，管道设计和运行管理过程中必须控制管道沿线各时段的分输流量处在安全输送范围内，以保证管道安全、平稳地运行。

（4）成品油管道输送多种油品，油品性质存在差异，当两种不同性质的油品相邻输送时，相邻批次间会在对流和紊流扩散作用下形成混油段。混油段的跟踪和混油量的控制是成品油管道运行的关键技术之一，特别是铺设于地形起伏较大地区的成品油管道，其混油特性、工艺过程控制及运行管理更为复杂。

（5）为满足油品收发作业、油品调和、混油储存和处理的需求，成品油管道沿线站场设置的油罐数量较多。通常，输送的批次越多，各站所需的油罐罐容越小，但产生的批次间混油量越多，造成混油量越大；反之，则混油量相对减少，各站所需的油罐罐容增大，从而增加了投资成本。

（6）成品油的物理性质随其化学组成的不同而有明显的差异，当管道内存在两种以上物理性质差异较大的油品时，随着管道内油品批次的运移，管道的沿程摩阻等工艺参数变化也较大。

1.2 管道运行模式

若忽略管道内油品密度随温度和压力的变化，那么对于密闭输送的成品油管道而言，全线是一个体积流量平衡系统，即管道的输入和注入油品体积流量之和与各站分输体积流量之和相等。当有计划地调整输量以及管道运行过程中出现各种故障（如输油泵故障停运、阀门开关误操作、管道堵塞、漏油、电力供应中断或电力设备故障导致站场停输）时，管道运行工况会发生较大变化，甚至导致安全事故发生。因此，需要对管道系统整体进行控制，以保证其安全、平稳、低耗运行。

输油管道的调节是通过改变管道的能量供应或能量消耗，使之在给定的输量条件下，达到新的能量供需平衡，保持管道系统安全、经济地输油。控制顺序输送成品油管道的原则主要从以下几个方面考虑：

（1）满足压力约束条件，即管道沿线各点压力不超过最大允许操作压力。

（2）输送量尽可能接近任务输量，同时限制流量大幅变化，从而保证管道稳定运行。

（3）保证管道在紊流状态下运行，从而尽可能减少混油量。

（4）保证泵机组在高效区间运行，同时避免频繁启停泵。

（5）基于压力控制和流量控制等方式对运行方案进行优化，从而降低管道运行能耗。

基于上述原则，调度人员根据成品油管道系统设备的约束要求及下游的需求特点制定管道调度运行模式。

1.2.1　泵站运行模式

输油泵机组类型可分为定频泵和变频泵。

当泵站配置的输油泵机组均为定频泵时,只能通过调节运行泵机组的配置或改变出站调节阀门的开度来改变运行流量。改变输油泵配泵方案对首站给油泵的影响较小,但是启停瞬间压力波动较大。此外,使用调节阀节流能耗高,造成输油管道能量利用率降低。目前,我国华中成品油管道和浙江成品油管道采用此种运行模式。

当泵站配置的输油泵机组有变频泵时,可通过调节泵机组的转速或者改变出站调节阀门的开度实现输油管道工况调节。这种运行模式可以将各个站进行统一考虑,达到一种最优的运行模式,从而提高全线运行效率,达到节能降耗的目的。但是,输油站内其他大型电机启动时,容易造成运转中的变频泵停止运行,且一般变频泵缺乏备用泵,系统发生故障时维修时间长。目前,我国西南管线北线和南线主要采用此种运行模式。

1.2.2　分输站运行模式

分输站运行模式主要包括平均分输和集中分输。

平均分输是指当分输站所需批次油头到站时开始分输,所需批次油尾过站时停止分输,分输的流量由过站时间和需求体积决定。部分管道会考虑特殊运行工艺,如混油过站时不能分输,因此站场要求批次油头到站后延迟一段时间开始分输,所需批次油尾过站前提前一段时间停止分输。该种运行模式的优点是减少分输站操作和保证系统平稳运行,降低计划编制人员制定批次计划的难度,但是该种模式不适用于需求量较小或波动较大的分输站。目前,我国西南管线普遍采用此种运行模式。

集中分输是指各分输站以一定的流量在一定时间内将该站场对某批次油品的需求量分输完毕。该模式需要综合考虑各分输站的油品需求情况、油品批次运移、其他分输站的操作计划及流量和压力约束来确定该站场对各需求批次的分输起止时间。这种运行模式是将所有站场统一考虑，所求调度计划相对更优，管道输送更加灵活，但同时也增加了调度计划制定的难度。目前，我国大多数成品油管道的分输站场均采用集中分输模式。

除上述两种运行模式外，一些管道的个别分输站场具有特定的运行模式，如兰成渝管道的成都分输站采取定出站流量的运行模式。在各批次油头的到站时间范围内，该站的分输操作是连续的，但分输流量在整个时间范围内可能是变化的。

1.2.3 工况调节方法

由于资源、市场的不断变化，成品油管道系统有可能不适应输送工艺的要求，为确保油品输送过程中满足流量和压力的要求，需要对管道工况进行调节。泵站和分输站的工况调节方式可分为流量控制和压力控制两种模式。

流量控制模式是指在压力安全范围内调节各个管段的流量，即在保证进站不欠压、出站不超压的情况下，尽可能控制管道运行流量相对平稳。如果进站压力较大，则进行节流降压。

压力控制模式是指在流量安全范围内调节各站的进站、出站压力，使其处在要求范围内。两种模式的目的都是在压力安全阈值内确保输送计划的完成。

1.3 运行计划与调度

1.3.1 运行计划分类

按照计划时间长度的不同，可以将计划划分为长期计划和短期计划。长期计划的周期一般以年为单位，根据目前内部和外部信息，确定计划期内油品的种类、数量及其他一些指标等。考虑到计划中油品的总量、设备运行能力及生产计划的实现等问题，长期计划按时间顺序划分为多个短期计划，并给每一个短期计划分配一定的资源、生产任务和指标。长期计划是企业针对原料供应、市场需求、设备生产能力及利用情况等，综合考虑企业的运行管理状况所作出的指导性计划。而短期计划是在长期计划的基础上，根据实际情况所作出的具体性计划，是长期计划在较短时间内的体现。

1.3.2 运行计划与调度的关系

调度人员将短期计划按照油品的总量、设备情况等进行具体安排。市场对油品的需求具有时效性，制订运行计划以满足市场对油品的需求为目标，在相应的时间范围内决定需求油品的数量、种类等。调度问题是关系企业生产运作的关键部分，研究人员从不同角度、应用不同的方法对调度问题做了比较深入且详细的研究和探讨。生产调度就是在一定的时间内，进行可利用资源的分配，以满足某些或某个特定的指标。计划与调度的科学化是油品运输企业生产和运行的核心部分，也是实现一定限度内柔性生产的依据和关键部分。

调度与计划相互依赖、相辅相成，共同贯穿于油气管道的生产运行活动。调度的依据来源于计划的任务，计划是确定各个站场的油品需求的种类、需求量、油品需求的时间范围及油品的供应情况，为调度计划的制订提供依据，即计划为调度人员提供沿线各分输站场在一段时间内的需求量、需求油品的种类、在某段时间内的运行约束条件等。调度人员根据计划的内容及现有的条件进行具体的运行安排，例如输送顺序、各站分输顺序和分输流量的确定等。总之，调度是将制订的计划付诸实施，是连接计划与生产的纽带。同时，计划为调度提供了生产的方式和依据。计划、调度及操作控制之间的时间关系如图1.2所示。

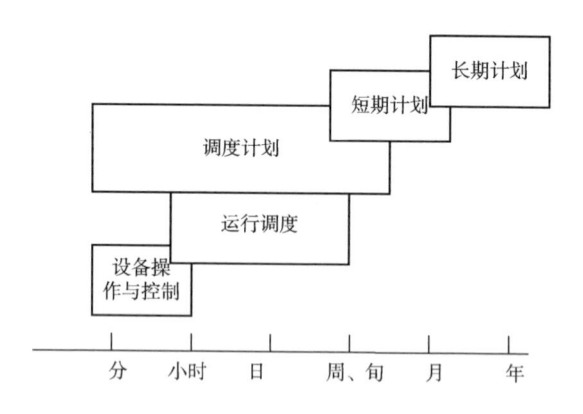

图1.2 计划、调度及操作控制之间的时间关系

1.3.3 调度的特点

在成品油管道运行过程中，运行是以管理和控制为核心的，调度计划是沟通生产过程和管理的纽带，起着总揽全局的核心作用。调度计划是调度人员根据管道沿线地区市场的需求量和需求种类，结合管道的输送能力，进行优化安排、合理调配资源，同时根据生产安全性、可行性等对生产情况进行评价校核，使得运行达到某种最优。其目的就是根据计划选择合适的运行管理方式，确定油品注入的批量和批次顺序、分输范围及流量大小和启停泵方案等。

成品油管道的运行过程具有一定的周期性。在实际执行过程中，调度计划要随着生产运行的变化作出调整。然而，局部计划的改变将会引起此后计划的改变。如果计划时间周期较长，而在实际计划执行过程中有偏差，那么可能会导致后面的调度计划不能满足市场需求，因此以较短的时间作为调度计划的周期更能准确、及时地反映生产运行情况。所以，为了更为准确地描述生产运行过程，更好地指导现实生产，可以将短期调度的时间划分为一旬、一周及一日等更小的时间段。制订调度计划是一项复杂的、系统的工作。一般而言，成品油管道的调度计划编制需要考虑如下关键因素：

(1) 计划期的衔接。

任何一条成品油管道的调度计划总是在前一个调度计划的基础上进行制定的，因此要注意调度方案的继承性、可扩展性和兼容性。

(2) 随机事件的扰动。

在实际生产运行过程中，大量的随机事件(如设备故障维护、分输站库容、油源供应情况、市场需求突变等)会对生产调度方案产生影响。

(3) 批量选择。

成品油管道输送就是成品油批次的交替运输，存在一定的周期性。大批量运行可以减少管道水力工况的扰动，使管道的运行保持在相对平稳的状态，但是大批量运输受到油品供应和站场库存能力的限制。小批量运行会降低库存水平，增加调度的机动性，但是会使混油量增加。因此，调度方案应该按照一定的目标和条件确定批量的大小。

(4) 油品批次顺序。

成品油管道服务的市场不同、输送的油品种类不尽相同，油品的输送批次顺序有多种组合形式。在成品油管道调度计划的制订过程中，一般按照油品的品种、性质、需求时间等因素决定各批次的顺序。因此，调度方案要能够满足市场对不同种类油品的需求，使得混油量保持在低水平，并根据市场的实时需求确定管道的输送顺序。

(5) 调度计划的可操作性。

制订成品油管道调度计划时，需要考虑操作的平稳性和连贯性，要避免频繁启停泵、通过控制泵频率来控制沿线各站场的分输流量和进站、出站压力处在安全范围内。输送时，最好不要停输，如果必须停输，应尽量做好计划，使混油段停在平坦地段。若混油段停在高差起伏管道中，应尽可能保证重油在下、轻油在上。

1.3.4 调度计划编制类型

国内外的管道公司编制调度计划的方法可以归纳为以下三种：基于供给

的成品油管道调度计划编制方法、基于需求的成品油管道调度计划编制方法及共用库存型的成品油管道调度计划编制方法。下面将详细介绍以上三种调度方法的优缺点。

（1）基于供给的成品油管道调度计划编制方法。

基于供给的成品油管道调度计划编制方法以一定时间内注入站的注入计划为基础，根据各批次的注入时间和管道流量，计算油品到达各分输站的时间，从而确定沿线分输站各批次油品的分输流量及时间。基于供给的调度必须按照预定时间注入油品，同时管道必须按照特定输量运行以保证油品按时分输。按照这种方式制订的分输计划，分输时间只能由承运方来确定，托运方不能确定油品的到达时间，且在批次输送过程中，不可预见的操作条件（如设备故障维护、分输站库容、油源供应情况等）也会影响交货日期和交货量。特别是当客户只购买急需使用的油品时，交货日期往往不灵活，造成客户可能会遇到生产和操作问题。当托运方仅需要跟踪批次油品的所有权时，采用此法具有较大优势。

（2）基于需求的成品油管道调度计划编制方法。

基于需求的成品油管道调度计划编制是已知注入站的库存量、下游各分输站对各批次油品的需求时间及需求量，确定注入站各批次油品的注入流量、注入时间及下游分输站的分输流量。因此，该方法适用于托运方对油品的到达时间有特殊要求并且能够在规定时间内向注入站供应油品的情况。

基于需求的调度方法和基于供给的调度方法具备相同的优点。例如，方便通过管道系统跟踪单个批次，并且始终知道各批次的所有权。然而，基于需求的调度方法也有缺点。调度计划能否成功执行取决于油品是否在规定的时间内注入，这意味着如果某一批次无法按时注入，那么后续批次的注入时间和分输时间都将发生改变，从而无法满足客户需求。同时，在长距离成品油管道中，运输时间也较长，批次到达各分输站的时间也容易发生变动，基于需求的成品油调度计划制订将变得愈发困难。

（3）共用库存型的成品油管道调度计划编制方法。

共用库存型的成品油管道调度计划编制方法就是托运方在管道上游的任

意位置向管道内注入油品，而在下游的任意位置从管道中分输油品。承运方在接受托运方的请求后可以允许托运方在不同位置分输油品，分输时不用考虑油品在管道中的输送时间，给托运方提供了更大的灵活性。当管道系统中仅运输几种油品并且承运方的交付需求为可预测时，共用库存型的成品油管道调度方法会很好地发挥作用。由于交货时已确定所有权，因此不需要特定的批次所有权。承运方在系统中保持每个托运方数量的平衡。

共用库存型的成品油管道调度方法的优点是在满足托运方要求(尤其是交货时间)方面具有良好的灵活性，并且可以更好地优化管道系统，从而降低总体运营成本。该方法的不利之处在于，使用共用库存型的调度方法难以跟踪沿线库存，并且随着油品种类、分输站和托运方数目的增加，共用库存型的成品油管道调度计划编制方法将变得非常复杂。

当前，我国成品油管道在调度计划编制过程中基本采用基于供给的编制方法。随着国家管网公司的成立，调度计划编制将向基于需求的编制方法转变。

1.4 管道调度技术

成品油管道调度技术分为两类：一类是离线模拟；另一类是调度优化。离线模拟旨在制订现场可行的成品油管道调度计划；调度优化是在制订可行计划的基础上，以运行能耗最低、混油量最小、分输偏差最小和运行成本最低为目标，优化批次顺序、批次量及启泵方案。高效的调度优化技术是当前我国成品油管道调度技术的发展趋势和迫切需求。本节将简单介绍离线模拟方法，重点介绍调度计划优化的模型假设、优化目标及管道运行工艺约束。

1.4.1 调度计划离线模拟

成品油管道调度计划离线模拟是指预先给定注入站的供应计划和分输站对各批次油品的需求计划，并根据各批次的注入时间和管道的泵送速率，计算油品到达各分输站的时间，从而确定沿线分输站分输各批次油品的流量及分输时间范围，达到制订可行成品油管道调度计划的目的。

在注入站油品批次注入计划已定的基础上，逐一制订和调整管道沿线各分输站的批次分输计划，并计算得到管内油品批次到达管道末端的时间，一旦管道沿线站场的分输计划进行了调整，油品批次到达末站的时间通常会随之发生变化。管道调度计划编制完成后，调控中心会实时跟踪成品油的界面位置，如发现有界面运行位置超前或滞后于调度计划的情况发生，调度人员须修正计划，使批次界面位置与程序同步。

1.4.2 模型假设

成品油管道调度计划的制订包括离线模拟、基础调度计划优化、基础水力优化和复杂工艺调度优化四个阶段。成品油管道系统的调度受到多方面条件的制约，为了便于水力优化模型和调度优化模型的建立和求解，通常设定以下假设条件：

(1) 管段输送油品均为单向流动。

(2) 管段输送介质在管内输送过程中为不可压缩流体，即流体体积不随管内压力的变化而变化。

(3) 油品在管道内流动的过程近似为稳态过程，将每个批次到达各站的时间节点作为关键节点，在相邻的两个关键节点间，泵送油品的密度为定值。

(4) 成品油在顺序输送过程中，相邻批次油品之间必然会产生混油。但相对于批次长度而言，混油段长度较短，故常将混油段作为一个界面处理，即混油体积为零。

1.4.3 优化目标

(1) 运行能耗最低。

考虑水力约束的成品油管道调度优化模型通常以运行能耗最低为目标函

数,随着多批次油品在成品油管道中的运移,泵站特性和管道特性均发生变化,从而引起泵站—管道系统的工作点发生改变,水力工况的多变性与水力计算的非线性项会进一步增加管道调度优化模型的求解难度。为达到运行能耗最低,计划编制人员的目标就是在满足输油量的基础上,提供整个输油周期内全线所有泵站的最优泵机组运行方案。整套方案包含管道沿线各泵站输油泵机组的启停时间,对于可调速泵还要确定具体的转速值,以保证运行方案能满足水力和流量等约束条件,且管道运行能耗最低。

（2）混油量最小。

控制顺序输送过程中混油损失是管道运行人员必须关注的。当管流处于层流情况下,由于横截面各处油品流速不同而导致的对流传递是沿程混油的主要因素,后行油通过楔形界面流入前行油品中。当管流处于紊流时,扩散传递是导致混油产生的主要因素,但相对于层流所产生的混油量大大减少,并且实验表明,处于紊流时,随着雷诺数的增加,所产生的混油量迅速下降。因此,在成品油输送过程中,应使管流处于紊流状态,且要尽量提高雷诺数。生成的混油不能作为合格的油品销售,必须通过掺混或蒸馏等方式来处理,增加了运行成本。在现场生产中,主要从两个方面控制顺序输送过程中混油的发展:一是优化批次排序;二是保持流体流速高于临界雷诺数下对应的流速。

（3）分输偏差最小。

由于油品需求是由各分输站单独提出的,各站场在制订油品需求计划时并未考虑管道整体运行的实际情况,因此无法保证各站场所提需求计划的合理性。若要同时满足各分输站场提出的需求计划,则可能难以制订一个可行的调度计划。在实际生产中,当某分输站的实际分输量少于计划量时,需要利用铁路或公路等运输方式从其他分输站调运油品,可能增加运输成本;反之,多分输的油品会增加分输站的库存管理费用。因此,通常以各站对各油品计划量与实际分输量的偏差最小为目标函数来制订调度计划。

（4）分输站操作成本最低。

管道调度计划制订须以沿线站场的库存作为约束,综合考虑油源、分输站库存间协调及各条管道输送批次的衔接等因素。为减少输油过程中的油品损耗，还应尽量减少油罐切换次数，在进行注入或分输油品时须保证油罐内液位处在安全高度内，不发生胀罐、冒罐、串油等事故。因此，部分研究以切换油罐引起的人工成本作为目标函数，以罐容限制作为约束条件，建立相关模型并求解。此外，管网中多条管道交会处的中转油库可作为应对油源供给与市场需求波动的重要调节手段：当供给过剩或市场需求减少时，可将过剩油品分输至中转油库进行储存；当市场需求增加或油源供给紧张时，可将中转油库的油品注入干线来补充油源的不足或市场需求的增长，其库存量在很大程度上决定了管道的调节能力。

1.4.4 运行工艺约束

成品油管道在运行过程中必须考虑管道系统设备及运行工艺限制，此类限制一般采用管道流量约束及压力约束等进行表征。

（1）流量约束。

成品油管道运行过程中的流量约束主要分为三种：站场注入流量约束、分输流量约束及管段流量约束。

注入流量约束通过输油泵的工作流量范围和流量计的量程范围确定其注入流量的上、下限。同时，注入流量范围受到流量计量程和精度的影响。在同一站场内，如果采用不同的输油泵进行注入，或采用不同量程的流量计进行计量，则可能导致注入流量范围不同。分输流量约束主要由分输站的流量计量程来确定。管段流量约束的影响因素较为复杂，管道中间泵站泵机组及混油批次界面的位置均会影响管段流量范围。

在成品油顺序输送过程中，当管段中只存在一种油品时，管段流量下限由该管段上一泵站的泵机组工作流量范围确定，此流量下限称为设备约束流量下限。但是，当管段中存在混油界面时，为了避免出现混油量大幅增加而产生损失，需要保持流体流速高于临界雷诺数下对应的流速，此流量下限被称为混油约束流量下限。通常情况下，设备约束流量下限要小于混油约束流量下限。

（2）压力约束。

成品油管道在输送过程中，沿线压力会随管道流量发生变化，在保证各站进站、出站压力在安全范围内，可通过调节运行泵机组的参数、配置或改变出站调节阀门的开度来满足管道的运行流量要求。根据管道操作运行的要求，管道压力和流量的控制既可以采用定值控制，也可以采用范围控制。成品油管道的压力约束主要指的是全线关键节点(泵站、高点等)的压力限制：

① 为了防止输油泵汽蚀，全线压力下限必须高于油品的饱和蒸汽压，以防止油品气化。

② 全线压力必须低于管道最大允许操作压力。

（3）批次运移约束。

批次运移约束用于表征批次界面位置随时间的变化。批次油头在一个时间范围内的前行距离取决于该批次油头所在管段的流量。批次运移约束需要根据模型的决策变量及各个变量之间的逻辑关系建立相应的表达式。

（4）时间节点约束。

在成品油管道调度计划执行过程中，各批次油头到达站点的时间点被视为事件，其发生时间被定义为时间节点。因此，在批次运移约束的前提下，通过这些事件时间节点的顺序，可以得到各站正在注入或分输的批次，也可以知道批次油头在管道中所处的位置。时间节点之间存在一定的逻辑约束，具体表现为：

①对于同一个批次，该批次注入时间一定早于该批次油头到达各个站的时间，并且批次油头到达前一站的时间一定早于其到达后一站的时间。

②对于同一站场，上一个批次到达该站场的时间一定早于下一个批次到达该站场时间。

（5）其他约束。

一般情况下，以上四类约束即可表示模型变量之间的逻辑关系与最基本的现场工艺要求，从而能制订初步的调度计划。然而，上述模型求解出的计划往往会出现流量波动较大和启停泵频繁等问题，从而造成管理不便甚至不能满足现场调度的实际需求。此外，目前大部分关于调度模型的研究都把混油段作为一个界面处理，但是对于实际工艺而言，混油会不断发展，优先考虑将混油累计到末站进行处理。但是，当末站混油处理能力不足以完全处理所有批次的累计混油时，需要个别分输站完成混油分输处理，此时须优化混油分输位置、分输量与处理计划，并在模型中加入混油段处理相关约束。

因此，针对不同的管道模型，需要考虑不同的附加约束，如泵启停时长限制约束、混油处理约束、峰谷电价问题、多功能站场问题与滚动调整问题、上下游库存和备油约束、计划性检维修作业约束等，在实际问题中视具体情况加以考虑。

第 2 章　成品油管道调度问题研究现状

成品油管道调度是针对不同的管道拓扑结构,根据上游炼油厂的生产能力、下游市场的需求计划、管道输送能力及沿线库存等情况,编制出满足下游市场需求的输送方案,并保证管道在调度周期内能够安全、平稳运行。调度计划制订是成品油管道运行管理过程中的关键要素,所制订计划的优劣将直接影响管道的运行安全、输送效率及下游市场油品的供给。本章将从成品油管道调度计划编制研究、成品油管道调度技术研究及成品油管道调度软件研究三个方面对当前的研究现状进行介绍,并对我国成品油管道调度未来面临的挑战和机遇进行展望。

2.1 调度计划编制研究现状

成品油管道的一个重要特征是面向市场、顺序输送、多点进出,任一节点的注入(分输)时间或流量变化均会影响整条管道的运行,每条管道都须根据各自的运行工艺确定合理的调度计划。

国外学者对成品油管道调度计划编制的研究开始较早,1964 年 Robert 等[1]首次探讨了成品油管道调度计划的编制问题,揭开了成品油管道调度计划研究的序幕。目前,已有许多研究人员先后对成品油管道调度计划的编制问题进行了大量的研究,研究对象包括单点注入—单点分输(单源单汇)管道[2-4]、单点注入—多点分输(单源多汇)管道[5-9]及多点注入—多点分输(多源多汇)管道[10-12]等。一些发达国家如美国、加拿大的成品油管道已实现市场化运营,管道运营公司只作为中间承运方,将炼油厂的油品按照托运方要求时间输送至指定站场,并用罐车运输到托运方加油站等目的地。国外学者在研究成品油管道调度问题时,针对的是整个成品油供应链系统,包括炼油厂、管道、分输站、罐车等一系列构成元件,从输油泵运行约束、油品批次跟踪约束、分输站分输约束、库存约束及管道运输约束等多方面进行分析研究,建立成品油管道调度优化的数学模型,然后求解模型得到合理的调度计划。我国于 20 世纪 70 年代初期才开始成品油管道的研究工作,并且多集中在混油量计算和混油控制等方面,90 年代后随着成品油管道的迅速发展,先后开展了成品油管道顺序输送模拟和调度运行管理软件开发等研究。针对国内管道的特有运行模式，中国石油大学(北京)和中国民航大学[13,14]提出了成熟的成品油管道调度模型及算法，实现了对管内油品批次界面的准确跟踪与离线模拟，并开发出相应的调度计划模拟软件，辅助计划编制人员实现计划的快速、高效编制与调整。

随着成品油管道的拓扑结构趋于复杂化，多条管道互联互通，形成了树枝状管道结构及网状管道结构，使得调度计划的研究对象逐渐由单条管道向复杂管网转变。成品油管网调度计划编制问题的研究对象可分为单源多汇的枝状管网[15]、多源单汇的枝状管网[16-18]和多源多汇的网状管网[19-21]。成品油管网是由多条管道通过交汇点或中转油库连接而成的，其调度计划的编制内容包括各条管道的调度计划。对于包含中转油库的管网而言，还须制订中转油库库区的调度计划[22]。由于各条管道及中转油库库区的调度计划之间相互影响，在制订管网调度计划时，必须统筹考虑整个管网系统，不仅要考虑各条管道的运行工艺，同时还要考虑中转油库间的计量、操作及库容限制等工艺约束。与单条管道的调度计划制订不同，目前成品油管网调度计划制订的基本原则是以中转油库为节点将管网拆分成单根管道，然后按照先后顺序依次制订上游管道、中转油库及下游管道的调度计划。在制订中转油库库区的调度计划时，需要综合考虑上游进油、下游供油和中转油库自身罐区储罐容积，使得成品油管网可以周转运输，避免出现油库无法接收上游各管道和炼油厂的来油或者给下游各管道和当地市场供油的情况。为了获得使管网安全、平稳运行的调度计划，在计划制订过程中需要以中转库区运行均衡和安全为标准，对制订的上、下游管道的调度计划进行校核，从而解决管道调度计划与库区计划的合理衔接问题。

2.2 调度技术研究现状

2.2.1 建模方法

(1) 时间表达。

为了描述调度周期内不同时间段的计划情况，在建立调度模型时引入了时间窗的概念，管道全线运行状态发生改变的时刻称为一个时间节点，相邻的两个时间节点构成的时间段称为一个时间窗，在一个时间窗中，站场的操作状态保持不变。调度模型的时间表达可以分为离散时间表达与连续时间表达两种。

离散时间表达是将整个调度周期划分为若干个已知长度的时间窗，将时间窗对应的时间节点作为调度模型中关键事件发生的时刻，例如批次到站、分输操作等。基于离散时间表达法建立调度模型具有逻辑构建清晰的优点，部分研究成果表明，利用离散时间表达可以解决大多数成品油管道调度问题[23-25]。然而，现场调度计划的制订周期通常为一周以上，当利用离散时间表达时，若选定的时间窗长度较长，可能导致模型求解最优性差，求解的结果不具有实用性。若选定的时间窗长度较短，则所需时间窗数目较多，可能导致模型规模过大而引发"维数灾难"，造成求解困难。因此，在管道的精细调度过程中，往往会采用连续时间表达法。

连续时间表达是以模型中关键事件发生的时间点作为时间窗划分的依据，时间节点为未知量，根据事件发生的顺序及各个事件之间的逻辑关系建立调度模型。此种表达方式会使模型逻辑趋于复杂，但是可以求得详细且准确的调度计划。部分研究成果表明，利用连续时间表达法虽然会增强模型变量间的耦合关系，但可以最大限度地缩小模型规模，提高模型求解效率[26-29]。

（2）体积表达。

与时间表达类似，调度模型的体积表达可以分为离散体积表达与连续体积表达两种。

离散体积表达将管道按照指定的体积离散为若干个固定体积单元段，且要求每个时刻任一单元段内只能含有一种油品，通过更新每一离散时刻各单元段所含的油品来实现批次跟踪。具体方法为在某时间窗内，若油品在管道内向前推移，那么在该时间窗的结束时刻，每个单元段所容纳的油品可以依次转移至下游最近的一个单元段或分输站。在任意时间窗内，管道注入站至多可以注入一种油品，其注入体积只能等于距离注入站最近管段的离散体积，而管道沿线任一分输站同样也只能分输来自上游最近一个单元段的油品，其分输体积只能等于上游最近管段的离散体积单元段或上游与下游最近管段的离散体积的差值[5]。

连续体积表达主要分为两种：一种是基于批次的体积表达方式；另一种则是基于油品的体积表达方式。前者按照流向对批次进行从大到小的排序，即越早注入管道的批次编号越小[29]。该方法已被广泛应用于不同结构的成品油管道/管网系统中。对于多源多汇成品油管道而言，由于管道沿线存在具有注入功能的中间站场，站场的注入操作使得单源管道研究中的前述方法不再适用，现有研究一般采用在管存批次中预先插入空批次以表征中间注入站注入的新批次。然而，空批次的插入个数及插入顺序可能会对调度计划的最优性产生影响，需要人为尝试选择出合适的数目及位置。此外，在正反输工艺下，管道流向会在调度周期内多次改变，难以用固定的批次编号实现批次跟踪。

基于油品的跟踪方法是假设任意时刻同一油品只能以一个批次的形式存在于各管段内，从而用油品跟踪替代批次跟踪，避免引入固定编号对批次排序，同时也无须设置注入批次的总数目，解决了多源注入、正反输工艺下的批次跟踪难题[30]。但当管段较长时，管段内可能存在同一油品的多个批次，因此该方法存在过度假设的问题。此外，在面向大规模管网系统时，该方法会对每根管段的每种油品都进行跟踪，导致模型规模急剧增加，引发"维数灾难"。

（3）调度模式。

调度模式可分为静态调度和动态调度。静态调度旨在根据调度周期内的市场供需及管道输送能力提前编制调度指令，使管道的运行达到某种最优目标，如计划总时长最短、运行费用最低或运行工况最稳定等。然而，成品油管道系统存在较强的不确定性，市场供需及管道状态的变化均可能使原有的静态调度方案不再可行。动态调度可针对实际情况适时调整出更具操作性的调度方案，逐渐成为调度研究的热点。现有动态调度方法大多是基于静态调度方法建立的，分为被动调度和主动调度两种模式。前者强调在系统发生较大变化时能及时调整原有的静态调度计划[31]，后者则是根据历史供需变化及运行数据进行趋势预测，利用序贯决策能力在滚动的周期内动态评估风险并生成最优的调度方案[32-34]。被动调度模型通常适用于以下条件：①不确定性较弱的短周期调度问题。②对计算效率的要求高于计划的最优性。而当研究周期较长或调度计划的编制频率较低时，一般采用主动调度模型求解出较优的调度计划。

（4）调度模型。

调度模型的表达方式主要以数学规划模型为主，包括传统的整数规划模型、混合整数规划模型和非线性规划模型等。除了经典的数学规划模型外，还存在逻辑析取式规划模型和资源任务网络模型。

逻辑析取式规划模型是针对数学规划模型中存在大量二元变量的问题而提出的。该方法利用控制析取式分支的布尔变量替代模型中的二元变量，简化了模型结构。此外，逻辑析取式模型还可利用逻辑推理消除不可行的解域，减少变量域的搜索空间，提高求解效率[35]。

资源任务网络模型是由资源节点和任务节点组成的网络，其中任务节点表示资源间的操作转换，所有设备和物料在执行期间均可看作生产和消耗的资源节点。资源任务网络模型具有概念简单、可应用于大规模复杂过程调度系统的优点。因此，部分研究采用资源任务网络模型表示成品油管道顺序输送过程，建立了大规模调度问题的统一框架，增加了模型的通用性[26,33]。该方法可以直观地描述成品油在管道内的输送过程，但当问题规模过大时，其网络构建会变得极其复杂。

2.2.2 求解方法

调度模型可依靠数学规划方法、启发式算法或元启发式算法等进行求解。

（1）数学规划方法。

处理线性规划的算法主要包括单纯形法及内点法，处理整数规划的算法主要有分支定界法等。单纯形法的基本思路是从线性规划可行集的某一个顶点出发，沿着目标函数值下降的方向寻求下一个顶点，由于线性规划超平面顶点个数是有限的，所以只要这个线性规划问题存在最优解，那么通过有限步迭代后，必可求出最优解。内点法的基本思路是先在优化问题的凸集内确定一个初始点，并始终保持在可行域内部搜索，该方法通过引入效用函数将约束优化问题转换成无约束问题，利用优化迭代过程不断地更新效用函数，以使得算法收敛。分支定界法的基本思路是把全部可行解空间依次分割为越来越小的子集（分支），并且对当前子集内的解集计算一个目标上界或下界（定界）。在每次分支后，凡是界限超出已知可行解集目标值的那些子集均不再进一步分支（剪枝）。因此，这种算法一般可以求得最优解。

针对大规模的调度优化问题，往往采用专业的求解软件（器）进行求解，选择较为合适的求解软件（器）能够减少计算时间、提高工作效率。目前，比较流行的求解软件（器）有 Lindo 公司开发的 Lingo 软件、Dash 公司开发的 Xpress 软件、Stanford 大学开发的 XA 软件、IBM 公司开发的 OSL 软件、IBM 公司开发的 Cplex 软件、Gurobi Optimization 公司开发的 Gurobi 求解器等。上述求解软件（器）所内置的算法包括单纯形法、分支定界法和割平面法等。

（2）启发式算法。

启发式算法是求解复杂优化问题的常用方法。该算法不企图在多项式时间内求得问题的最优解，而是在求解时间和求解效果之间进行平衡，以较小的计算量来得到次优解或满意解。启发式算法主要是利用领域知识减小问题的求解空间，在面对较大规模问题时仍然能够在可接受的计算时间内得到较满意的解。

启发式算法的启发规则可以是研究相对较为成熟的抽象算法（如贪婪算法、优先级算法）。例如，利用优先级算法解决具有油品需求优先级的成品油管道调度问题。在该问题中，各站场提出的分输需求可能无法同时被满足，并且各站场对各类油品的需求存在优先顺序。因此，可以基于量化优先级的方法统一考虑所有的站场来制订调度计划。该问题也可以采用贪婪算法来解决。基于贪婪算法优先处理部分站场，先满足第一优先级站场的分输需求，再满足第二优先级站场的分输需求，以此类推直至分输完最后的油品。启发式算法的启发规则也可以是根据具体调度问题及工艺约束，自己制定的一套求解逻辑规则。例如，文献[36]基于实际管道的历史运行计划，总结出一套分输作业衔接性规则，提出一种分输计划优化的启发式算法。

（3）元启发式算法。

元启发式算法包括粒子群算法（Particle Swarm Optimization，PSO）、蚁群算法（Ant Colony Optimization，ACO）、遗传算法（Genetic Algorithm，GA）和模拟退火算法（Simulated Annealing Algorithm，SA）等，该类算法一般用于分阶段求解成品油调度问题。例如，在求解规模较大的调度问题时，可以采用上述方法获得模型中的部分关键变量，如批次到站时间节点排序、注入站注入油品顺序等，基于已得到的部分关键变量再利用传统的数学规划方法求解第二阶段的模型。第二阶段的求解结果可以作为元启发式算法的适应度函数值进行迭代，直至模型收敛。虽然此类算法能够解决诸如批次排序等非线性问题，但也存在以下不足：①求解结果可能收敛于局部最优解。②算法求解时间较长，若将原问题的目标函数作为元启发式算法的适应度函数，算法往往需要迭代几百次甚至几千次才能收敛，每一次迭代都需要完成一次复杂度较高的计算。

（4）机器学习方法。

随着相关学科和优化技术的建立与发展，部分学者[37]将自学习等机器学习方法引入了调度领域，丰富了调度问题的求解手段，使得调度问题的研究方向更加多元化。基于机器学习的求解方法尝试充分学习与利用成品油管道的历史运行数据，将成品油管道调度计划的编制模型从传统的数学规划、理论求解转变为基于数据驱动的求解。

基于自学习的方法可以解决已知时间节点排序的成品油管道调度问题，该方法能在高效学习管道历史运行计划的基础上降低模型求解时间。在元启发式算法中，若初始解与最优解的差异较大，则可能导致模型计算时间过长且无法获得全局最优解。但在管道的实际运行过程中，若某一管道的供应计划、需求计划、初始管道状态都差异不大，则对于一个待制订的新计划而言，其与历史调度计划也相差不大。因此，可以建立管道历史运行计划数据库，在制订新的管道调度计划时，通过对比上述参数，从库中找到最相近的历史计划，并将其作为元启发式算法的初始解。例如，为了获得批次到站时间节点排序的初始解，可根据待制订新计划的已知参数，从历史计划库中通过模糊聚类的方法寻找最相近的调度计划，以该计划的时间节点排序作为新计划的初始解，从而加快算法的收敛速度及计算效果[38]。

基于机器学习的方法需要平衡"利用"与"探索"之间的困境。"利用"指充分且高效学习成品油管道历史批次数据，而"探索"要合理产生噪声，探索高维可行空间中较好的解。相比于传统的求解算法，基于机器学习的方法可以充分利用历史数据，大大减少求解时间，是未来热门的研究方向之一。

2.3 调度软件研究现状

成品油管道调度计划的编制是一项耗时、枯燥的工作，如果没有计算机软件的协助，要想完成计划编制工作是非常困难的。国内外关于成品油管道调度计划的编制方法主要有手工编制和借助计算机辅助编制两种模式。在计算机没有广泛普及以前，主要采取手工编制的方式制订管道的调度计划，这种方式对于计划编制人员的专业知识及工作经验要求较高，并且编制过程耗时、耗力，效率较低，目前已逐渐被后者取代。

世界上的大型成品油管道的调度计划的制订都是由计算机协助完成的。如美国的 Colonial 成品油管道从投产之日起就采用计算机进行管道系统的输送计划制订[18]。编制成品油管道调度计划的关键在于能够准确计算各批次油品到达管道沿线各分输站的时间。Robert Techo 在研究中提到管道调度计划的制订方法包括指定方向法(Specified-order Method)、等时步法(Elemental-clock Method)、主时步法(Master-clock Method)、平均流量法(Average-rate Method)及位移法(Displacement Method)。Colonial 管道制订计划采用的算法为主时步法，整个计划制订过程考虑了全流量注入、全流量分输、部分流量注入和部分流量分输等工艺。英国的 Main Line 管道在1981年配备了相应的优化运行模拟软件 SCICLOPS，应用该软件系统时，首先需要确定托运方的需求、安排油品输送顺序,然后选择合适的配泵方案,最大可能地利用管道系统的输送能力,实现管道优化运行。此系统为批处理系统,输入约束条件后,系统进行模拟计算,最后输出计划,中间过程无须人为干预。为了方便管道运营公司对输送业务进行管理、发布信息等,Buckeye、Colonial、Explorer 和 TE Products 共同开发了 Transport4 系统。该系统主要包括托运提交与查询(Nominations)、管容分配(Pipeline Allocations)、计划制订(Schedules)、库存管理(Inventory)等核心功能。通过 Transport4 系统,各管道公司的用户都可通过该系统对自己的业务进行查询、委托、更改,从而选择最佳的运送方式。加拿大的 Sarnia 成品油管道系统由注入站、四个分输站和一条支线构成,全长 296km。该管道在原有计划软件的基础上引入了由 Critical Control Solutions 提供的工具包,该工具包包括三个主要模块:一是调度计划工具(Pipe Scheduler),帮助调度员创建和维护调度计划表;二是实时批次跟踪系统(Pipe Tracker),用于跟踪管道中各种油品的位置;三是连接调度计划工具和实时批次跟踪系统的智能接口(Intelligent Interface),可在管道状态发生变化时,实现调度计划的及时调整。该软件具有计划制订准确、计划调整灵活、计划自动更新与自动反馈、数据标准化等特点。

国内成品油管道利用计算机辅助编制调度计划可分为两种模式:一种是采用人机交互的方式编制调度计划;另一种则是完全依靠计算机自动编制调度计划。人机交互方式是指计划编制人员借助成品油管道调度计划模拟软件,凭借人工经验编制批次计划。在计划编制过程中,计划编制人员反复地与计算机进行信息交互,实时判断方案是否可行,采用这种方式更容易得到令人满意的可行方案。目前,国内多条成品油管道如兰成渝管道、兰郑长成品油管道、锦郑管道、西部成品油管道、西南管线等均采用成品油管道调度计划模拟软件[14,39,40]制订管道的调度计划。完全依靠计算机自动编制的方式是基于运筹学理论,建立与实际管道运行工艺相符合的数学模型,并利用算法求解模型。该模式能实现调度计划的快速自动编制,但当管道沿线站场数量及输送油品的批次数目增加到一定规模时,会使得所建立的调度模型规模急剧增长,此时若采用传统数学规划法求解此类问题,会造成求解效率低甚至无法求解的情况。若采用启发式算法求解此类问题，虽然可以减小模型规模、加快模型求解速度，但该方法不具备普适性。目前，关于成品油管道调度计划自动编制软件的研究仍处于发展阶段，一些学者以华北成品油管网的鲁皖一期、鲁皖二期管道[20]，华东成品油管网的浙江成品油管道[41]，华中成品油管网的长郴成品油管道[42]及中国石油的成品油管网[43]为研究对象，开发了与之对应的批次计划自动编制软件。

2.4 我国成品油管道调度面临的挑战和机遇

成品油管道调度问题一直以来都是管道运营商所面临的最具挑战性的难题之一。随着国家管网公司的成立，原有的上、中、下游一体化经营模式被打破，成品油管道的运营模式逐渐从"产运销一体化"向"面向市场化需求"过渡，这意味着国内成品油行业市场化改革已步入深水区。开放的成品油市场正在逐渐形成，下游市场的不断发展将带动成品油管道的发展，成品油管道将逐步实现互联互通。管道运营模式的转变给现有的成品油管道调度技术带来了以下几点挑战：

（1）缺少市场化环境下成品油资源、管网输送能力和用户需求间相互作用的量化建模。目前，学界主要将成品油资源配置视为常规供应链物流优化问题，对供需态势、管网输送工艺、输送介质性质等特性的相互作用认识不足。现有研究主要是建立耦合供需双侧状态与管网物理约束的优化模型，将管网的输送能力或工艺制约作为模型的约束条件，研究管网约束下成品油资源如何合理分配。这种方法将成品油管网视为供应链决策方案的被动接收方，难以研究管网运营与销售分离、多经济主体准入等市场化机制下管网的主观能动性及其对市场的反作用力。

（2）适用于简单管道的调度技术所依托的顺序工作流程难以快速响应复杂拓扑、多源多汇的大型复杂管网的生产运行。目前，有效的成品油管网调度优化方法多针对简单拓扑结构的管网，并且求解时间无法满足现场及时性要求。随着管网互通互联程度的提高，以市场化为导向的运营模式转型，均使得建模及求解难度进一步增加。

（3）成品油管道精细化调度模型需要利用数学解析式精确表征流量、压力、批次位置等状态变量间的内在联系及它们随时间的变化。现有研究通常采用离散时间和连续时间表征状态变量，从而进行精细化建模。由于计划制订周期通常为一周以上，当利用离散时间表达时，易导致模型规模过大而产生"维数灾难"。因此，目前侧重于连续时间表达法，即以注入、分输、泵机组启停等关键操作的起止时间划分时间窗。虽然该方法可以有效缩小模型规模，但会增强状态变量间的耦合关系，增加建模难度。另外，现有相关研究仍集中在单一时间尺度的静态调度，未考虑月、日、时等不同时间尺度供需数据对调度建模的影响，难以直接将其拓展为滚动调度模型。

（4）难以建立适用于不同拓扑结构及运行工艺的统一数学表征，以适应复杂成品油管网统一拓扑组态调度模式。复杂的拓扑结构、灵活的操作模式及流向的不确定性导致批次排序存在多种可能性，难以用固定的批次编号实现批次跟踪，同时也使站场操作事件之间的内在联系更为复杂，进一步增加了建模和求解难度。以往的研究是将管网拆分成单根管道，并假设任意时间节点同一油品只能以一个批次的形式存在于各管段内，然后用油品跟踪替代批次跟踪，避免引入固定编号对批次排序，解决了复杂管网的批次跟踪难题。但当管段较长时，管段内可能存在同一油品的多个批次，因此该方法存在过度假设的问题。此外，该方法在面向大规模管网系统时，依旧会面临"维数灾难"。

针对这些挑战，未来可从以下几个角度切入进行研究：

（1）首先，引入数据挖掘方法与经济学等领域的理论方法，提出成品油供需状态演化机理的分析与建模方法。然后，建立供需规律、环境等多方面因素构成的资源供需复杂关系的分析模型，明确管网市场化运营机制下，成品油资源、用户需求与管网输送能力配置的协同作用。最终，形成复杂成品油供应链的动态、自适应的资源配置决策方法。

（2）针对成品油顺序输送批次间时滞影响，探究各批次到站时间节点之间关系的数学解析式，建立关键时间节点的连续时间窗表达下的非稳态调度数学模型，形成月–日–时多时间尺度递归的管道调度方案一体化实时智能决策方法。

（3）针对成品油主干管网互联互通模式下的拓扑结构、供需网络特点，构建通用调度工艺约束条件下的管网滚动调度模型，实现管网流向确定、管内批次质量跟踪、枢纽节点衔接操作、多节点多管道的组态式连接的数学建模方法，并提出高效的模型松弛方法和分解技术，实现大规模复杂结构下管网调度模型的快速求解。

第 3 章　成品油管道调度计划编制方法

调度计划编制的水平及执行情况直接决定成品油管道系统能否实现安全、经济运行。本章将从沿线分输计划对批次到站时间的影响、调度计划编制和调度计划调整机理三个方面进行问题分析，并介绍适用于调度计划编制的"斜率"模拟方法和适用于调度计划调整的"积木"调整方法。

3.1 批次运移图

为了直观、简洁地描述批次的运移和油品的注入、分输操作，采用批次运移图来表示调度计划，如图 3.1 所示。图中，横轴表示调度时间节点；左侧纵轴表示管道沿线站场（IS、D1、D2、D3、TS），其中，最下方的 IS 站为注入站，最上方的 TS 站为末站；右侧纵轴表示管段体积坐标。图中，矩形条代表了不同批次的油品，左侧纵轴上矩形条表示初始时间节点管道沿线的批次分布状态；其余矩形条代表沿线站场的批次注入/分输操作，其中，矩形条的宽度代表注入/分输的流量大小、不同颜色代表注入/分输的不同油品种类、对应横轴上的时间跨度代表注入/分输操作的起终时间节点。图中，黑色表示每个时间节点批次界面的位置，其斜率反映了批次界

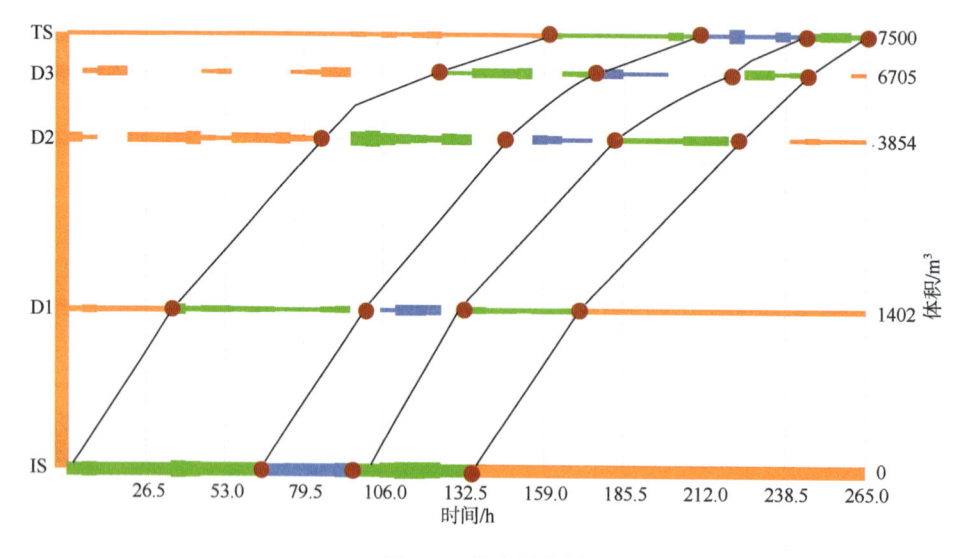

图 3.1 批次运移图

面所在管段的流量值大小,斜率越大,则管段流量值越大,代表批次前行速度越快,反之亦然。

从图 3.1 可以发现:初始时间节点时 IS—TS 管段充满橘色品。注入站 IS 分四个批次注入三种油品:0~65h 注入绿色品,65~89h 注入蓝色品,89~130h 注入绿色油品,130~265h 注入橘色油品。红色节点代表批次到站时间。

3.2 批次到站时间的影响规律探讨

通常,一个周计划或月计划包含几十个甚至上百个分输操作,且各操作之间相互制约,某一分输计划的变动会引起管道输送状态的波动,直接影响各批次的到站时间。选取某批次油头从某位置前行到达下一位置的一个区段作为研究的距离跨度。如图 3.2 所示,油品批次 B2 的油头在管内从位置 S_1 运移到位置 S_2,对应的时段为 $t_1 \sim t_2 (t_1 < t_2)$。此前行过程时段内针对批次 B2 有 P1、P2、P3 和 P4 共四个分输计划,其对应体积分别为 V_{P1}、V_{P2}、V_{P3} 和 V_{P4}。其中,定义批次前后顺序与管内批次前行方向一致,即 B1 是 B2 的前行批次,B3 是 B2 的后续批次。此油品前行过程中,批次 B2 的油头从位置 S_1 运移到位置 S_2 的终止时间点 t_2 由三方面因素决定:一是起始时间点 t_1;二是时段($t_1 \sim t_2$)内针对批次 B2 所有后行批次的分输计划;三是时段($t_1 \sim t_2$)内沿线各分输站针对批次 B2 的分输计划。

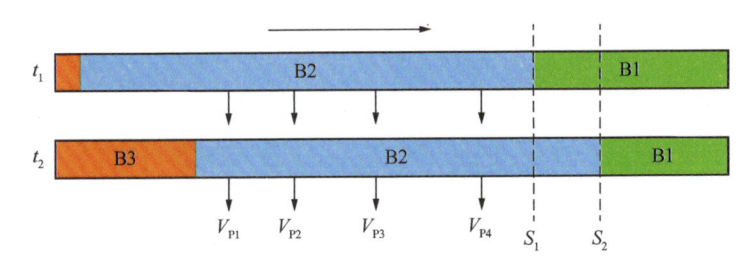

图 3.2 油品批次 B2 在管内前行状态示意图

上述三个因素对终止时间点 t_2 大小的影响是相互独立的,若用 Δt_2 和 Δt_1 分别表示批次计划 B2 和后行批次计划 B3 变动对 t_2 大小的具体时间影响,则

t_2 可表示为式(3.1):

$$t_2 = t_1 + \Delta t_1 + \Delta t_2 \qquad (3.1)$$

按照一般计划编制经验,在调整批次 B2 的分输计划时,原则上针对批次 B2 后续批次(B3)分输计划已调整完毕,即 Δt_1 为一恒定值,所以仅需要分析第三个因素 Δt_2 的改变对研究距离跨度内批次 B2 到达 S_2 的时间点 t_2 的影响。

图 3.3 表示批次 B2 的分输计划信息图,其中横轴表示时间,纵轴表示流量。由于每个分输计划变动对管内批次油头前行状态具有独立影响作用,为研究方便,现假设在研究区段所对应时段($t_1 \sim t_2$)内,针对批次 B2 只有一个分输计划 P1(见深色矩形):分输时间为 t_1 到 $t_1+\Delta t_{P1}$,流量为 q_{P1},总体积量为 V_{P1}。那么,由流量守恒得到,批次 B2 油头所在管段在 t_1 到 $t_1+\Delta t_{P1}$ 时段内的流量为 $Q-q_{P1}$,流动体积为 V_2;在 $t_1+\Delta t_{P1}$ 到 t_2 的时间段内的流量为 Q,体积为 V_3。那么,此对应时段 $t_1 \sim t_2$ 内批次 B2 油头流过的管内容积批次等于 V_2+V_3,大小等于 $S_1 \sim S_2$ 间的管容 V(见浅色区域)。

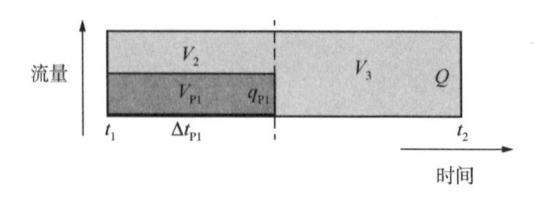

图 3.3 批次 B2 的分输计划 P1 信息图

下面通过对分输计划 P1 的变动,分析批次分输计划对管道油品批次界面到站时间的普遍影响规律。批次 B2 油头到达 S_2 站点的时间点 t_2 可以用数学式表示为:

$$\begin{aligned} t_2 &= t_1 + \Delta t_1 + \Delta t_2 \\ &= t_1 + \Delta t_1 + V_2/(Q-q_{P1}) + V_3/Q \end{aligned} \qquad (3.2)$$

现对 Δt_2 部分进行化简,可以得到如下结果:

$$\begin{aligned} \Delta t_2 &= V_2/(Q-q_{P1}) + V_3/Q \\ &= \Delta t_{P1} + [V-(Q-q_{P1})\Delta t_{P1}]/Q \\ &= V/Q + V_{P1}/Q \end{aligned} \qquad (3.3)$$

3.2.1 计划分输流量的影响分析

通过式(3.3)可以发现，在油品批次前行的过程中，若计划分输体积量 V_{P1} 保持不变，改变分输流量 q_{P1} 或分输持续时间 Δt_{P1} 并不能改变批次油头流经此管段的所需时间，即此时间段的长度并不发生变化，所以批次油头到达区段末端位置的时间点 t_2 也会保持不变。

3.2.2 计划分输体积的影响分析

若改变式(3.3)中分输计划体积量 V_{P1} 的大小，则时间点 t_2 就会改变，表明分输体积量的变动会直接影响到批次油头到达区段末端位置的时间节点。当计划分输体积量 V_{P1} 越大时，批次油头到达的时间点 t_2 也就越延后，反之，到达时间点越提前。

3.2.3 计划分输时间的影响分析

若计划 P1 变动时只改变计划分输开始时间，其余信息不变，采用延后开始分输时间的变动方式，如图 3.4 所示。

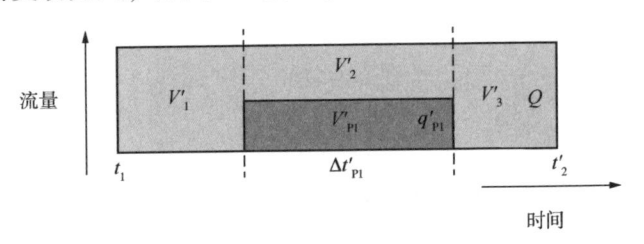

图 3.4 分输开始时间变动后的计划 P1 信息图

则变动后批次油头到达区段 S_1—S_2 末端位置 S_2 的时间点 t_2 可以表示为：

$$t_2 = t_1 + \Delta t_1 + \Delta t_2$$
$$= t_1 + \Delta t_1 + V_1/Q + V_2/(Q - q_{P1}) + V_3/Q \quad (3.4)$$

化简 Δt_2 得：

$$\Delta t_2 = V_1/Q + V_2/(Q - q_{P1}) + V_3/Q$$
$$= \Delta t_{P1} + (V_1 + V_3)/Q$$
$$= \Delta t_{P1} + [V - (Q - q_{P1})\Delta t_{P1}]/Q$$
$$= V/Q + V_{P1}/Q \tag{3.5}$$

计划变动时，总分输体积不发生改变，即 $V'_{P1} = V_{P1}$，则可以得出：

$$\Delta t'_2 = \Delta t_2 \tag{3.6}$$

综合上述关系式，则得：

$$t'_2 = t_2 \tag{3.7}$$

若变动计划 P1 使分输结束时间大于批次油头到达站点的时间 t''_2，如图 3.5 所示。

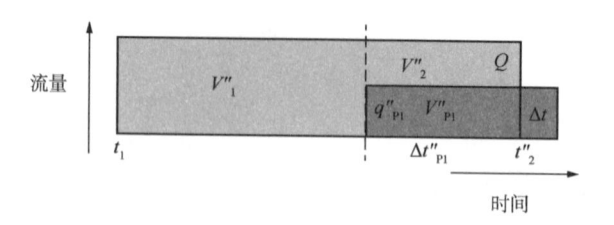

图 3.5 分输开始时间大幅后延的计划 P1 信息图

那么，批次油头到达区段 $S_1 \sim S_2$ 末端位置 S_2 的时间点 t''_2 为：

$$t''_2 = t_1 + \Delta t_1 + \Delta t''_2$$
$$= t_1 + \Delta t_1 + V''_1/Q + V''_2/(Q - q''_{P1})$$
$$= t_1 + \Delta t_1 + [V - (Q - q''_{P1})(\Delta t''_{P1} - \Delta t)]/Q + (\Delta t''_{P1} - \Delta t)$$
$$= t_1 + \Delta t_1 + V/Q + q''_{P1}(\Delta t''_{P1} - \Delta t)/Q$$
$$= t_1 + \Delta t_1 + V/Q + (V''_{P1} - q''_{P1}\Delta t)/Q \tag{3.8}$$

同理，计划变动时总分输体积不发生改变，即 $V''_{P1} = V_{P1}$，并且定义油品批次分输时 q''_{P1} 为正值，则

$$q''_{P1}\Delta t > 0 \tag{3.9}$$

综合上述关系式，可以得出：

$$t''_2 < t_2 \tag{3.10}$$

可以发现，若分输计划的开始时间 $t_{始}$ 和终了时间 $t_{终}$ 满足下列不等关系式：

$$t_{始} < t_2 < t_{终} \tag{3.11}$$

计划变动会对油品批次油头研究区段末端位置 S_2 对应的时间点 t_2 产生直接的影响。深入分析可以发现，大幅度延后分输计划开始时间 $t_{始}$ 会减少时间段 $t_1 \sim t_2$ 的分输体积，即 t_2 时间前的深色矩形面积变小，引起到达区段末端位置对应时间点发生变化。这一影响规律与前面得出的分输总体积发生变动，界面到达区段末端位置时间点发生变化的影响规律一致。此外，根据式 (3.8)可推导出，延后开始时间 $t_{始}$ 会导致 Δt 变大，$V''_{P1} - q''_{P1}\Delta t$ 变小，到站时间 t_2 变小，即到站时间提前。

综上所述，变动分输计划各要素对批次油头到站时间的影响可以归纳为：在不考虑针对其他批次分输计划变动的前提下，某油品批次在管内从某位置前行到达下一位置的时间点只受到在此过程中针对本批次的分输计划总体积大小变化的影响。此过程中分输体积量越大，界面到达下一位置的时间点越延后，反之，则越提前。

3.3 管道计划编制的"斜率"模拟方法

3.3.1 模拟方法

"斜率"模拟的机理如下：(1)根据注入站的油品注入计划，依次确定各批次油品的到站时间点，将这些时间点插入整个调度周期的时间轴上，分割成多个长短不一的时间窗。(2)基于这些时间窗，在满足油品批次准时到达沿线站场和安全、经济输送分输约束的条件下，求解出分配到不同时间窗内管道沿线站场的油品分输量。(3)按照连续分输操作原则进行沿线分输计划

(即分输起止时间和分输流量等)的具体编制。

如图 3.6 所示，在研究的调度周期时间内，利用注入站油品批次的注入时间点将批次 A 油头在管内的流经时间分割成 Δt_1、Δt_2 和 Δt_3 三个大小不等的时间窗，由于注入站注入计划信息已提前确定，那么批次 A 油头到达管道末站的时间 t_2 由分割到 Δt_1、Δt_2 和 Δt_3 三个时间窗内的批次 A 的油头轨迹斜线衔接构成，而直接影响轨迹线形状的因素就是轨迹线在每一时间窗内的斜率。

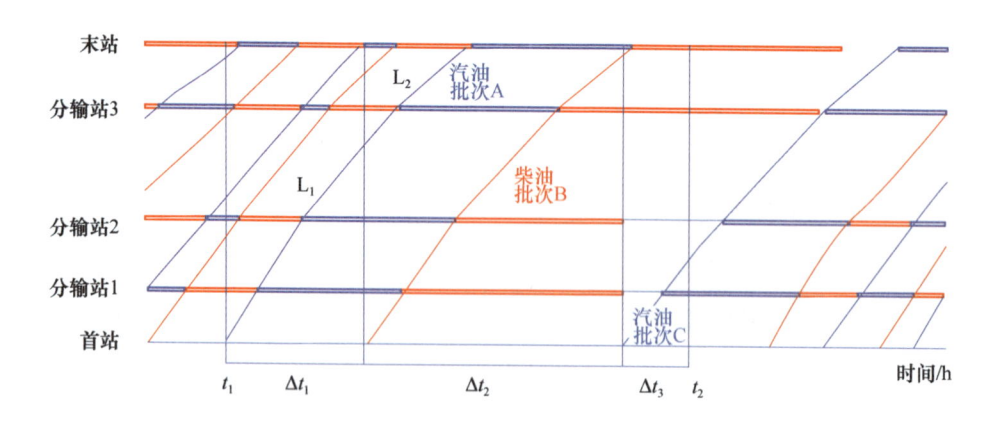

图 3.6 "斜率"模拟机理信息图

依据轨迹线斜率与批次界面流量的内在联系，可以发现在批次运移图中批次 A 的油头轨迹线在每一点处的斜率都与该时间节点批次 A 在管段内的流量值大小直接相关，同时根据本章 3.2 节结论可知，批次 A 的油头在每一时间窗内的流量值大小都由该时间窗内批次 A 右下方区域内的所有沿线分输计划决定，具体来说，时间窗 Δt_1 内由批次 A 的沿线分输计划决定，时间窗 Δt_2 内由批次 A 和批次 B 的沿线分输计划决定，时间窗 Δt_3 内由批次 A、批次 B 和批次 C 的沿线分输计划决定。

在满足批次 A 准时到达管道末端和安全、经济输送分输的约束要求下，求解出分配到不同时间窗 Δt_1、Δt_2 和 Δt_3 内管道沿线站场的油品分输量。然后，按照连续分输操作原则下的计划编制机制进行具体编制(即分输起止时间和分输流量等)，得到该管道的沿线分输批次计划。

3.3.2 沿线批次约束

(1) 注入站注入流量约束。

通常成品油管网调度计划编制要求所辖管道内所有批次在注入站的注入时间是确定的,而且批次注入体积量也是根据管道运营公司和上游炼油厂进行协调的,在批次进入管道之前就已协商好,即批次注入计划为已知。根据假设,整个调度时间周期内每一批次注入起止时间内的注入站流量保持恒定,因此管道注入站批次注入流量值 $Q_{t,i,1}$ 满足下列数学关系式:

$$Q_{t,i,1} = V_{i,1} / \Delta t_{i,1} \qquad (3.12)$$

(2) 批次在管道中运移时间约束。

油品批次 i 在管道内的运移时间值大小 Δt_i 被分隔成了 T 个时间窗 Δt_1, Δt_2, $\cdots$, Δt_{T-1}, Δt_T,那么这些变量之间满足如下关系式:

$$\Delta t_i = \Delta t_1 + \Delta t_2 + \cdots + \Delta t_{T-1} + \Delta t_T \qquad (3.13)$$

(3) 批次分输约束。

沿线分输站 s 在时间窗 t 内针对油品批次 i 的分输体积量 $V_{i,s}^t$ 大小必须为非负数,用数学公式表示如下:

$$V_{t,i,s} \geqslant 0 \qquad (3.14)$$

(4) 体积量守恒约束。

在整个调度周期内,沿线站场 s 针对油品批次 i 的分输体积量 $V_{t,i,s}$ 总和等于分输站 s 针对批次 i 的总需求 $V_{i,s}$,用数学公式表示为式(3.15)。其中,$X_{t,i,s}$ 表示时间窗 t 内的沿线站场 s 针对油品批次 i 的注入或分输计划是否存在,若存在,则 $X_{t,i,s}=1$,反之,则 $X_{t,i,s}=0$。

$$\sum_{t=1}^{T} (X_{t,i,s} V_{t,i,s}) = V_{i,s} \qquad (3.15)$$

(5) 批次到达末端时间约束。

若 i 批次油头欲到达管道末端,其在管道中的运移总体积应等于管道总

容积 V。该运移总体积是注入站注入 i 批次后且 i 批次未到达 s 分输站时,其油头在管段内的运移总体积。其中,参数 $F^{TS}_{s,t,i}$ 表示若在第 t 时间节点 i 批次油头处于 s 管段内,则 $F^{TS}_{s,t,i}=1$,否则 $F^{TS}_{s,t,i}=0$。

$$V = \sum_{t}\sum_{s''<s} F^{TS}_{s'',t,i}\sum_{s'\geq s}\sum_{i'} X_{t,i',s'}Q_{t,i',s'}\Delta t_t \quad s\in S, i\in I \quad (3.16)$$

3.3.3 沿线批次分配求解方法

联立上述批次 i 在 Δt_i 内所涉及的沿线分输计划约束和批次 i 到达管道末端时间约束,可以求解得出各个时间窗 Δt_t 内的计划分输量。

上述联立方程组中,未知变量为 $V_{t,i,s}$,未知变量总个数为 $(I\times S\times T)$,联立方程总数为 $(I\times S+I)$。一般情况下,$(I\times S+I)$ 小于 $(I\times S\times T)$,即联立方程总数小于未知变量个数,根据数学关系,未知变量为 $V_{t,i,s}$ 将存在多组可行解。因此,可采用最长分输时间的工艺原则,确定分输流量和分输起止时间,得到管道的调度分输计划方案。

3.3.4 连续分输操作下的计划编制机制

连续分输操作下的计划编制机制要求批次油头到站开始分输,批次油尾到站结束分输。

首先,根据注入站注入计划计算各批次到第一个分输站的时间。其次,根据第一个分输站对各批次的需求量及各批次的过站时间计算分输流量。根据最长分输时间原则,批次分输时间将从前一批次界面过站后时间节点开始,持续到后一批次界面到达之前所处时间窗的结束时间,分输流量采用连续分输方式,流量值大小等于该批次分配到该沿线站场的分输量与分输时间的商。然后,根据分输流量计算第一个分输站的出站流量(第一个分输站至第二个分输站之间的管段流量)及各批次到达第二个分输站的时间。最后,以此类推可依次完成沿线各个分输站的分输计划编制。

3.4 管道计划的"积木"调整方法

3.4.1 调整方法

采用"斜率"模拟计算分输流量时，可能存在由于管段沿线站场分输流量上限的约束，导致无法在批次过站时间内完成分输任务的问题，因此，提出"积木"调整方法来调整管道调度计划，从而更好地满足计划编制的约束要求。

在满足管道安全输送压力约束和沿线站场分输流量约束下，管道始端的注入流量值存在一定的流量富余量，即注入流量可以在一定范围内小幅变动。由于批次到达沿线站场时间受到管道始端注入流量值大小的影响，所以通过协调流量富余量，可以使批次提前到达该站场的时间，从而扩展允许最大分输时间窗，确保批次分输体积量完全满足。

根据"积木"调整机理，为实现批次提前到达该站场时间这一目标，可通过增大批次到达目标站场之前的始端批次注入流量值，从而缩短批次到达目标站场的时间。同时，为满足管道批次注入时间和到达末端时间的严格约束，必须相应地协调其他关联时间段内的批次注入流量值，保证在满足管道严格时间约束前提下，解决沿线站场批次体积量无法完全分输的难题。

3.4.2 管道始端注入流量富余量计算

根据管道注入站注入计划和沿线分输计划的起止时间点，将油品批次 i 油头在管内的运移时间 Δt_i 分成一系列长短不等的时间段 Δt_t，根据不同时间窗 Δt_t 内的管道始端 $(s=1)$ 注入流量 $Q_{t,1}$ 和沿线站场 $(2 \leqslant s \leqslant s^{\max})$ 分输流量

$Q_{t,s}$，求解出每一时间窗内的注入流量富余量 ΔQ_t，具体公式如下：

$$\Delta Q_t = Q_{t,1} - \sum_{s=2}^{s} Q_{t,s} \tag{3.17}$$

将所得到的一系列注入流量富余量 $\{\Delta Q_1, \Delta Q_2, \cdots, \Delta Q_{t-1}, \Delta Q_t\}$ 进行比选，得到每一时间窗内最小的注入流量富余量，并将其作为该时间窗的注入流量富余量，表示为 $\Delta Q_{t,1}$，其中 1 表示管道注入站。

3.4.3 批次到站时间提前量计算

若批次 i 在某一沿线站场 $s(s \geqslant 2)$ 的持续分输时间 $\Delta t_{i,s}$ 以站场允许最大流量 $Q_{i,s} = \max Q_{i,s}$ 不足以完全分输批次体积量 $V_{i,s}$，那么批次 i 到达站场 s 的时间 $t_{i,s}$ 就必须提前，新的到站时间 $t'_{i,s}$ 计算如下：

$$t'_{i,s} = t_{i,s} - (V_{i,s}/Q_{i,s} - \Delta t_{i,s}) \tag{3.18}$$

根据时间 $t_{i,s}$ 和时间 $t'_{i,s}$ 在批次运移图上对应的批次 i 的油头在管内位置坐标，确定批次 i 到达沿线站场 s 的提前体积量为 $\Delta V_{i,s}$。

3.4.4 注入流量值调整机制

以批次 i 到达沿线站场 s 的新到站时间 $t'_{i,s}$ 为插入节点，将批次 i 所涉及的时间窗 $\Delta t_1, \Delta t_2, \cdots, \Delta t_{t-1}, \Delta t_t$，分为 $\Delta t_1, \Delta t_2, \cdots, \Delta t_{t'-1}, \Delta t_{t'}$ 和 $\Delta t_{t'+1}, \Delta t_{t'+2}, \cdots, \Delta t_{t-1}, \Delta t_t$ 两部分。为满足在调整计划的基础上该批次到达末端的时间不受影响，前一部分分输的流量值变化量 $\{\Delta IQ_1, \Delta IQ_2, \cdots, \Delta IQ_{t'-1}, \Delta IQ_{t'}\}$ 可计算如下：

$$\begin{aligned}\Delta IQ_1 = \Delta IQ_2 = \cdots = \Delta IQ_{t'-1} = \Delta IQ_{t'} \\ = \Delta V_{t',i,s}/(\Delta t_1 + \Delta t_2 + \cdots + \Delta t_{t'-1} + \Delta t_{t'})\end{aligned} \tag{3.19}$$

后一部分分输的流量值变化量 $(\Delta IQ_{t'+1}, \Delta IQ_{t'+2}, \cdots, \Delta IQ_{t-1}, \Delta IQ_t)$ 可计算如下：

$$(\Delta IQ_{t'+1},\ \Delta IQ_{t'+2},\ \cdots,\ \Delta IQ_{t-1},\ \Delta IQ_{t})$$
$$= -\Delta V_{t',\ i,\ s}/(\Delta t_{t'+1} + \Delta t_{t'+2} + \cdots + \Delta t_{t-1} + \Delta t_{t}) \tag{3.20}$$

由于时间窗 Δt_1，Δt_2，$\cdots$，Δt_{t-1}，Δt_t 包含多个批次的注入及分输计划，所以批次 i 的注入流量的调整必然影响到其他批次到达末端的时间，为保证整个调度计划内所有批次到达末端的时间保持不变，其他批次的油头在管内停留时间所包含的始端注入流量也需要进行调整。

最后，根据得到的一系列时间窗 Δt_1，Δt_2，$\cdots$，Δt_{t-1}，Δt_t 内管段始端注入流量调整值 $\{\Delta IQ_1,\ \Delta IQ_2,\ \cdots,\ \Delta IQ_{t-1},\ \Delta IQ_t\}$ 对调度计划进行调整，以满足用户实现沿线站场批次需求量完全分输的要求。

第 4 章　成品油管道基础调度优化模型

成品油管道是一个复杂而庞大的系统，其运行的主要目标是在考虑炼油厂生产和管道输送能力、库存和流量限制的情况下，及时生成满足下游市场需求的详细调度计划。本章将分别介绍基于批次跟踪和基于油品跟踪的两种基础调度优化模型，即不考虑复杂调度工艺的模型构建及求解方法。

4.1 模型基础

4.1.1 节点和管段描述

本章主要研究由单个注入站和多个分输站组成的成品油管道(图4.1)。建立通用的基础调度优化模型，首先需要对管道进行拆分，按照各个节点的位置，整条管道可被拆分为一组容积固定的管段，且各管段内始终充满油品，管道的注入站为 $S^R = \{S_1\}$，分输站为 $S^D = \{S_2, S_3, S_4\}$，位于管道末端的末站为 $S^T = \{S_4\}$。第 s 站的上游管段为 S_s^U，下游管段为 S_s^X，以分输站 S_2 为例，$S_{S_2}^U = \{S_1\}$，$S_{S_2}^X = \{S_2\}$。在基于批次和油品跟踪的基础调度模型中，管道的运行状态均通过体积 V、左坐标 LC、右坐标 RC 这三个非负参数来表征。对于任意批次/油品，其左坐标 LC 为油尾所在处的体积坐标，即该油品/批次油尾位置与注入站间的管段体积；其右坐标 RC 为油头所在处的体积坐标，即该油品/批次油头位置与注入站间的管段体积；其体积 V 等于该油品/批次的右坐标 RC 与左坐标 LC 的差值。

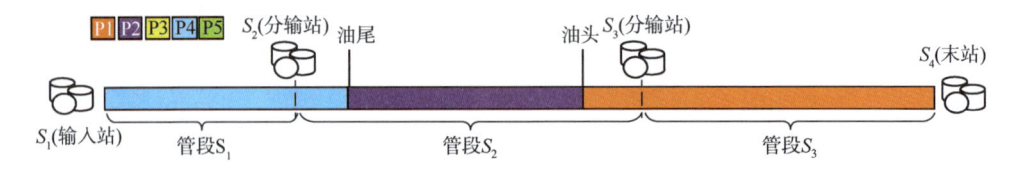

图 4.1 由单个注入站和多个分输站组成的成品油管道示意图

4.1.2 时间表达

调度模型的时间表达可以分为离散时间表达与连续时间表达两种。

以连续时间表达为例,本节将介绍基于批次跟踪和基于油品跟踪的基础调度模型构建方法,其中时间节点为未知变量,需要根据注入站注入和分输站分输等操作进行求解。调度计划时长被划分为 $t_{max}-1$ 个长度不等的时间窗,非负变量 τ_t 表示时间窗 t 的开始时刻,那么第一个时间节点的开始时刻为 0,最后一个时间节点的时间应小于调度计划总时长 h,时间窗 t 的长度为时间节点 $t+1$ 和 t 的开始时刻的差值。另外,模型构建的基础都是假设在同一个时间窗内,注入站注入流量、分输站分输流量和管段流量均保持不变。

$$\tau_1 = 0 \tag{4.1}$$

$$\tau_{t^{max}} \leqslant h \tag{4.2}$$

4.1.3 基础参数及决策结果

基础参数包括:批次信息,如注入批次顺序、注入站初始库存、注入站库存量限制、注入站油品生产计划;成本信息,即需求量不满足导致的单位费用;站场和管道信息,如站场体积坐标、管段输送流量限制、分输流量限制、注入流量限制、管道初始状态;需求信息,即各分输站对每种油品的需求量。

决策结果包括注入计划和分输计划。注入计划包括各批次注入体积和注入时间;分输计划包括各分输站场在各时间窗内分输油品体积。

4.2 基础调度模型

对于成品油管道基础调度优化问题,调度模型可以分为基于批次跟踪和基于油品跟踪两种,其建模方式如下。

4.2.1 基于批次跟踪的调度模型

(1) 目标函数。

在工程实际中,模型的目标是在保证满足各类约束条件的前提下,制订分输偏差最小的调度计划。在基于批次跟踪的成品油管道基础调度优化数学模型中,油品批次所属的油品种类 $i \in I_p$ 是经过批次-油品分配约束优化得到的[式(4.28)至式(4.33)],因此目标函数如下:

$$\min f = \sum_{s \in S^D} \sum_{i \in I_p} \left| \sum_t V_{s,i,t}^{SJ} - v_{s,p}^{S} \right| \tag{4.3}$$

为了便于模型求解,可将由绝对值导致的非线性通过引入中间非负变量 $E_{s,p}^{A}$ 和 $E_{s,p}^{B}$ 进行处理将其线性化。当分输量多于需求量时,$E_{s,p}^{A}$ 取两者差值($\sum_t V_{s,i,t}^{SJ} - v_{s,p}^{S}$),$E_{s,p}^{B}$ 取 0;反之,当需求量多于分输量时,$E_{s,p}^{B}$ 取两者差值($v_{s,p}^{S} - \sum_t V_{s,i,t}^{SJ}$),$E_{s,p}^{A}$ 取 0。

$$\min f = \sum_{s \in S^D} \sum_{p \in P} c^B (E_{s,p}^{A} + E_{s,p}^{B}) \tag{4.4}$$

$$\begin{cases} E_{s,p}^{A} \geq \sum_t V_{s,i,t}^{SJ} - v_{s,p}^{S} \\ E_{s,p}^{B} \geq v_{s,p}^{S} - \sum_t V_{s,i,t}^{SJ} \end{cases} \quad s \in S^D, \; i \in I_p \tag{4.5}$$

(2) 约束条件。

① 批次跟踪约束。

连续变量 $V_{i,t}$ 表示时间节点 t 处批次 i 的体积。假设油品为不可压缩流体,管道内所有批次的总体积必然等于管道容量 v_l^L [式(4.6)]。图 4.2 给出了管道内批次左、右坐标的表示方法。在管道中,按照流向对批次进行从大到小排序,即越早注入管道的批次(I1、I2 和 I3)编号越小,那么批次 i 的右体积坐标为所有批次 $i' \geq i$ 的体积之和[式(4.7)]。批次 i 的体积为右体积坐标 $RC_{i,t}$ 与左体积坐标 $LC_{i,t}$ 的差值[式(4.8)]。

$$\sum_{i \in I} V_{i,t} = v_l^L \quad t \in T \tag{4.6}$$

$$RC_{i,t} = \sum_{i' \in I, i' \geqslant i} V_{i',t} \quad i \in I, t \in T \tag{4.7}$$

$$V_{i,t} = RC_{i,t} - LC_{i,t} \quad i \in I, t \in T \tag{4.8}$$

随着新批次的油品注入和分输,该批次在管道内向前移动,根据体积守恒定律,时间节点 t 处第 i 批次的体积等于前一时间节点 $t-1$ 处的体积 $V_{i,t-1}$ 减去通过输出点(分输站)离开管道的总批次体积 $\sum_{s \in S^D, i \in I_s} V^{SJ}_{s,i,t-1}$,加上注入站注入的体积 $\sum_{s \in S^R, i \in I_s} V^{J}_{s,i,t-1}$ 。需要注意的是,这里的 $V_{i,t-1}$ 不适用于 $t=1$ 的情况,当 $t=1$ 时,$V_{i,t-1}$ 由 $v_i^0|_{t=1}$ (初始时间节点处批次的体积)替代。

$$V_{i,t} = v_i^0|_{t=1} + V_{i,t-1} - \sum_{s \in S^D, i \in I_s} V^{SJ}_{s,i,t-1} + \sum_{s \in S^R, i \in I_s} V^{J}_{s,i,t-1} \quad i \in I, t > 1 \tag{4.9}$$

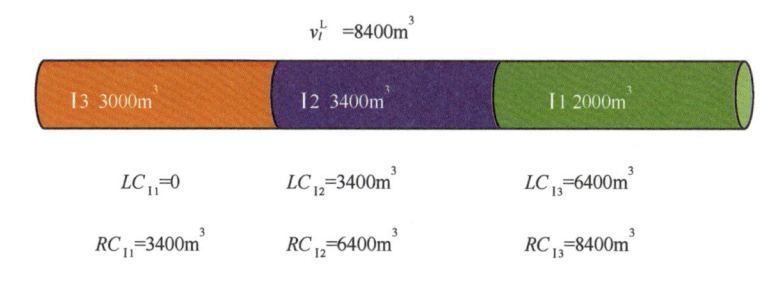

图 4.2 管道内批次左、右坐标表示方法

② 注入站注入约束。

引入二元变量 $B^{TJD}_{s,i,t}$ 表示注入站 s 在时间窗 t 内是否再注入第 i 个批次的油品,如果是,则 $B^{TJD}_{s,i,t} = 1$,否则 $B^{TJD}_{s,i,t} = 0$。二元变量 $B^{TJD,idle}_{s,t}$ 表示注入站 s 在时间窗 t 内是否停止运行,如果是,则 $B^{TJD,idle}_{s,t} = 1$,否则 $B^{TJD,idle}_{s,t} = 0$。那么当注入站停止运行时,一定也没有新批次的油品注入。

$$B^{TJD}_{s,i,t} + B^{TJD,idle}_{s,t} \leqslant 1 \quad s \in S^R, i \in I, t \in T \tag{4.10}$$

时间节点为未知变量,时间窗的划分依据之一就是注入站对于批次的注入操作,即同一时间窗内注入站的注入流量保持不变,但可允许同时注入多个批次。注入站的注入流量须在上、下限 $[q^{Jmin}_s, q^{Jmax}_s]$ 安全范围内。注入站

的注入体积 $V_{i,t}^{J}$ 应该根据注入站的生产能力来决定，在 $[v_s^{Jmin}, v_s^{Jmax}]$ 安全范围内。

$$\frac{\sum_{i \in I} V_{s,i,t}^{J}}{q_s^{Jmax}} \leq \tau_{t+1} - \tau_t \leq \frac{\sum_{i \in I} V_{s,i,t}^{J}}{q_s^{Jmin}} + h \cdot B_{s,t}^{TJD,\ idle} \quad s \in S^R, t \in T$$

(4.11)

$$v_s^{Jmin} B_{s,i,t}^{TJD} \leq V_{i,t}^{J} \leq v_s^{Jmax} B_{s,i,t}^{TJD} \quad s \in S^R, i \in I, t \in T \quad (4.12)$$

注入站是管道的最左侧节点，因此位于坐标零点。对于要在时间窗 t 内进入管道的批次，其左坐标必须在时间节点 t 处为零。

$$LC_{i,t}^{J} \leq v_l^{L}(1 - B_{s,i,t}^{TJD}) \quad s \in S^R, i \in I, t \in T \quad (4.13)$$

考虑到所有批次对应的油品种类 $i \in I_p$ 可经过优化得到，那么离开注入站进入管道的所有批次的油品体积之和可通过式(4.14)来计算。该约束同样适用于分输站分输批次与油品种类之间的转换和计算。

$$\sum_{i \in I_p} V_{s,i,t}^{J} = V_{s,p,t}^{J,d} \quad s \in S^R, p \in P, t \in T \quad (4.14)$$

③ 分输站分输约束。

与注入站类似，分输站的运行状态都可以表示为式(4.15)，即在任意时间窗内，只存在运行和停止运行两种状态。二元变量 $B_{s,i,t}^{TD}$ 表示分输站 s 在时间窗 t 内是否在分输批次 i，$B_{s,t}^{TD,\ idle}$ 表示分输站 s 在时间窗 t 内是否停止运行。

$$B_{s,i,t}^{TD} + B_{s,t}^{TD,\ idle} \leq 1 \quad s \in S^D, i \in I, t \in T \quad (4.15)$$

同样地，分输站在一个时间窗内可允许同时分输多个批次的油品，分输流量须在上、下限 $[q_s^{Dmin}, q_s^{Dmax}]$ 安全范围内。分输站的分输体积 $V_{s,i,t}^{SJ}$ 根据分输站的库容来决定，应该在 $[v_s^{Dmin}, v_s^{Dmax}]$ 库容范围内。

$$\frac{\sum_{i \in I} V_{s,i,t}^{JS}}{q_s^{Dmax}} \leq \tau_{t+1} - \tau_t \leq \frac{\sum_{i \in I} V_{s,i,t}^{SJ}}{q_s^{Dmin}} + h \cdot B_{s,t}^{TD,\ idle} \quad s \in S^D, t \in T$$

(4.16)

$$v_s^{\text{Dmin}} B_{s,i,t}^{\text{TD}} \leq V_{s,i,t}^{\text{SJ}} \leq v_s^{\text{Dmax}} B_{s,i,t}^{\text{TD}} \quad s \in S^D, i \in I, t \in T \quad (4.17)$$

分输站分为位于管道末端和中间位置的分输站，当分输站在时间窗 t 内进行分输操作时，在下一个时间节点 $t+1$ 处，该批次的右体积坐标一定大于等于该分输站的站场体积坐标 v_s^{ZS}，在时间节点 t 处，该批次的左体积坐标一定小于等于该分输站的站场体积坐标 v_s^{ZS}，分输体积一定小于等于该分输站的站场体积坐标与该批次油品的左体积坐标的差值。

$$RC_{i,t+1} \geq v_s^{\text{ZS}} B_{s,i,t}^{\text{TD}} \quad s \in S^D, i \in I, t < t^{\max} \quad (4.18)$$

$$LC_{i,t+1} \leq v_s^{\text{ZS}} B_{s,i,t}^{\text{TD}} + v_l^{\text{L}}(1 - B_{s,i,t}^{\text{TD}}) \quad s \in S^D, i \in I, t < t^{\max} \quad (4.19)$$

$$V_{s,i,t}^{\text{SJ}} \leq v_s^{\text{ZS}} - LC_{i,t} + v_l^{\text{L}}(1 - B_{s,i,t}^{\text{TD}}) \quad s \in S^D, i \in I, t < t^{\max} \quad (4.20)$$

④ 库存约束。

随着批次的注入和分输，注入站和分输站的罐存不断发生变化。对于注入站，假设每个储罐以恒定速率 $q_{s,p}^{\text{P}}$ 连续接收产品，$v_{s,p}^{\text{J,0}}$ 表示储罐的初始库存。那么对于任何种类的油品 p，在时间节点 t 的库存量等于上一时间节点 $t-1$ 的库存量加上从注入站收到油品的体积，再减去注入管道内油品的体积。库存平衡约束可表示为式(4.21)：

$$V_{s,p,t}^{\text{INV}} = v_{s,p}^{\text{J,0}}\big|_{t=1} + V_{s,p,t-1}^{\text{INV}} + q_{s,p}^{\text{P}}(\tau_t - \tau_{t-1}) - V_{s,p,t-1}^{\text{J,d}} \quad s \in S^R, p \in P, t < t^{\max}$$
$$(4.21)$$

分输站完成分输操作后，假设所有油品的提取都发生在最后一个时间节点 $t = t^{\max}$，并且与给定的产品需求 $v_{s,p}^{\text{S}}$ 相匹配，那么分输站的库存平衡约束可表示为式(4.22)：

$$V_{s,p,t}^{\text{SJ}} = v_{s,p}^{\text{SJ,0}}\big|_{t=1} + V_{s,p,t-1}^{\text{SJ}} + V_{s,p,t-1}^{\text{SJ,d}} - v_{s,p}^{\text{S}}\big|_{t=t^{\max}} \quad s \in S^D, p \in P, t < t^{\max}$$
$$(4.22)$$

注入站和分输站的储存系统通常为每种油品配备一个或多个专用储罐，每类油品的存储量都应该在对应储罐的罐容范围内。

$$v_{s,p}^{\text{INVmin}} \leq V_{s,p,t}^{\text{INV}} \leq v_{s,p}^{\text{INVmax}} \quad s \in S^R, p \in P, t < t^{\max} \quad (4.23)$$

$$v_{s,p}^{\text{SJmin}} \leq V_{s,p,t}^{\text{SJ}} \leq v_{s,p}^{\text{SJmax}} \quad s \in S^D, p \in P, t < t^{\max} \quad (4.24)$$

⑤ 管段约束。

同样，通过第 s 站到第 $s+1$ 站之间管段的油品体积在 $[v_s^{S,\,min},\ v_s^{S,\,max}]$ 安全范围内，管段运行流量应保持在上、下限 $[q_s^{PLmin},\ q_s^{PLmax}]$ 安全范围内。

$$v_s^{S,\,min} B_{s,\,t}^S \leqslant V_{s,\,t}^S \leqslant v_s^{S,\,max} B_{s,\,t}^S \quad s < s^{max},\ t \in T \tag{4.25}$$

$$\frac{V_{s,\,t}^S}{q_s^{PLmax}} \leqslant \tau_{t+1} - \tau_t \leqslant \frac{V_{s,\,t}^S}{q_s^{PLmin}} + h \cdot (1 - B_{s,\,t}^S) \quad s < s^{max},\ t < t^{max} \tag{4.26}$$

对于任何节点，在其上游管段中运输的体积加上注入站的注入体积应等于在其下游管段中运输的体积和分输站的分输体积。

$$\sum_{s \in S_x^U} V_{s,\,t}^S + \sum_{s \in S^R} \sum_{i \in I} V_{s,\,i,\,t}^J = \sum_{s' \in S_x^X} V_{s',\,t}^S + \sum_{s \in S^D} \sum_{i \in I} V_{s,\,i,\,t}^{SJ} \quad t < t_{max} \tag{4.27}$$

⑥ 批次—油品分配约束。

二元变量 $Y_{i,\,p} = 1$ 表示批次 i 属于第 p 类油品，那么一个批次只能属于一种油品。旧批次的油品种类由管道的初始状态决定。

$$\sum_{p \in P} Y_{i,\,p} = 1 \quad i \in I \tag{4.28}$$

$$Y_{i,\,p} = y_{i,\,p} \quad i \in I^{old},\ p \in P \tag{4.29}$$

参数 $v_p^{P,\,max}$ 表示油品 p 可以运移的最大体积，式(4.30)用于强制性约束注入站所有未参与批次-油品分配的注入体积变量均为0。分输站的相关约束与注入站类似。

$$V_{s,\,p,\,t}^{J,\,d} \leqslant v_p^{P,\,max} Y_{i,\,p} \quad s \in S^R,\ i \in I,\ p \in P \tag{4.30}$$

(3) 模型求解。

上述建立的基于批次跟踪的基础调度模型为混合整数线性规划(MILP)模型，可采用商业求解器进行求解。

(4) 应用实例。

图4.3为一个虚拟管道系统，由一座注入站(S_1)、两座分输站(S_2 和 S_3)

和末站(S_4)组成。站场的体积坐标分别为 0(S_1)、10000m³(S_2)、20000m³(S_3)和40000m³(S_4)，并且各站场高程相同。该管道输送 P1~P6 六种油品。注入站注入流量范围是 80~200m³/h，中间分输站的分输流量范围分别是 80~200m³/h(S_2)，20~100m³/h(S_3)和 20~150m³/h(S_4)。S_1—S_4 管段的允许流量范围分别为 80~200m³/h、40~200m³/h、20~150m³/h。注入站每种油品的初始库存分别为 9000m³(P1)、0m³(P2)、10000m³(P3)、5000m³(P4)、8000m³(P5)和 5000m³(P6)。分输站对各类油品的需求量见表 4.1。对于该计划，管道初始状态由三个批次组成，三个批次的油品种类分别为 I1(P2)、I2(P1)和 I3(P4)，其油头体积坐标分别为 9000m³(I1)、6000m³(I2)和 4000m³(I3)。

图 4.3 展示了当时间窗和批次数目均设置为 7 时求解得到的最优详细调度计划。在调度计划周期内，注入站满负荷运行，以最大流量 200m³/h 进行注入操作，因此达到最短的运行计划时长为 135h。在该调度计划中，四个新批次(I4~I7)油品进入管道，且在时间窗[5, 25]h、[25, 55]h、[80, 115]h 和[115, 135]h 内多个批次被允许在一个时间窗内注入，与模型约束一致。分输站 S_2 和 S_3 均在一个时间窗内分输一个批次，但是分输站 S_4 在时间窗[25, 55]h 和[115, 135]h 内均分输多个批次。所有分输站的分输需求偏差均为 0。注入站和分输站的库存变化也均在安全范围内。

表 4.1 分输站场(S_2-S_4)油品需求量　　　　　单位：m³

站场	需求量					
	P1	P2	P3	P4	P5	P6
S_2	3000		3000	2000	2000	
S_3	2000		3500		500	
S_4	3000	3000	1000	4000		

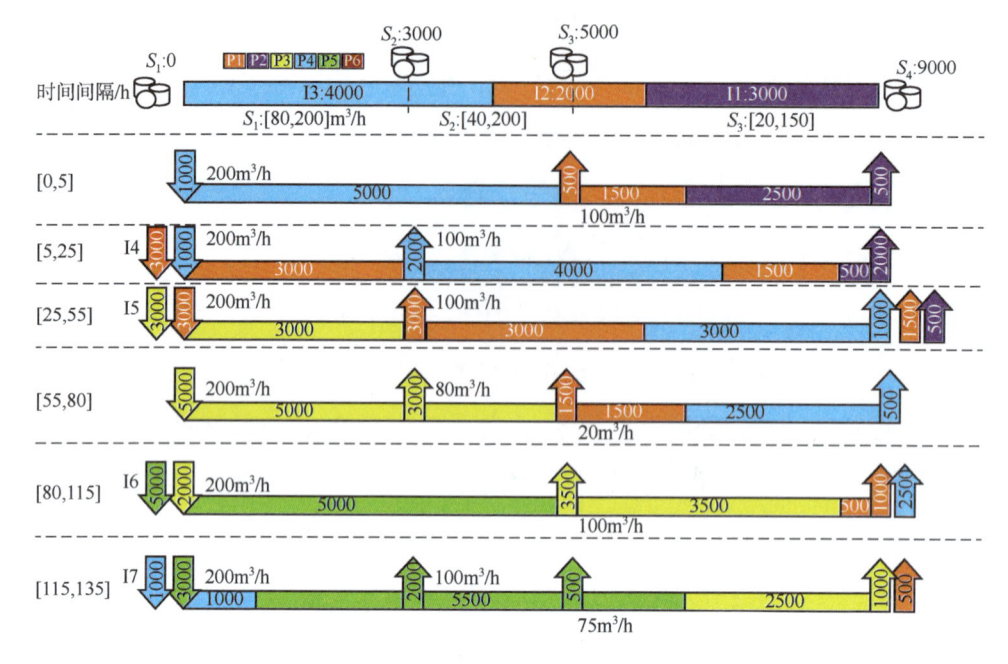

图 4.3 最优详细调度计划图(当时间窗和批次数目均设置为7)

4.2.2 基于油品跟踪的调度模型

在数学模型表达和构建方面,基于油品跟踪的调度模型与基于批次跟踪的调度模型存在许多相似之处,但在以下三点存在区别:(1)从注入站到末站,与管道油品相关的决策变量(注入体积、分输体积和通过管段体积)以油品形式来表达而不是批次;(2)与基于批次跟踪的坐标表述不同,基于油品跟踪的油品坐标需要重置,以便在 p 油品的前一个批次输送完成后允许 p 油品的新批次进入管段;(3)对于基于批次跟踪的基础调度模型,在一个时间窗内可能允许多个批次的油品以相同的流量注入管道或从管道中分输,但是对于基于油品跟踪的基础调度模型,同一时间窗内同一油品只能以一个批次的形式存在于各管段内。下面将针对上述三点区别进行详述。

(1) 目标函数。

与基于批次跟踪的调度模型类似,基于油品跟踪的调度模型的目标是在保证满足各类约束条件的前提下，制订分输偏差最小的调度计划。区别在于基于油品跟踪的调度模型不存在批次的表征，而是直接以油品方式进行表征，因此目标函数如下：

$$\min f = \sum_{s \in S^D} \sum_{p \in P} \left| \sum_t V_{s,p,t}^{SJ} - v_{s,p}^S \right| \tag{4.31}$$

同本章 4.2.1 节类似，由绝对值导致的非线性可通过引入中间非负变量进行处理将其线性化。

（2）约束条件。

基于油品跟踪与基于批次跟踪的调度模型约束条件类似，包括批次跟踪约束、注入站注入约束、分输站分输约束、库存约束和管段约束等，这些约束的中心思想类似，主要区别在于模型及变量的表达。

① 模型构建基础。

在以批次为中心的调度模型中，与管道油品相关的决策变量（包括注入体积 $V_{s,i,t}^{J}$ 和分输体积 $V_{s,i,t}^{SJ}$ 等）均为基于批次的形式来表达，这种方式通过优化批次—油品分配约束来达到跟踪油品的目的，从而简化建模。但是，在以油品为中心的调度模型中，与管道油品相关的决策变量（包括注入体积 $V_{s,p,t}^{J,d}$ 和分输体积 $V_{s,p,t}^{SJ}$ 等）均为基于油品的形式来表达，可直观、简约地对注入站注入和分输站分输的油品体积量进行计算。

② 油品跟踪。

图 4.4 展示了基于批次和油品跟踪的坐标表达方式，可以发现：在基于批次跟踪的模型中，按照流向对批次编号进行从大到小排序，即越早注入管道的批次编号越小。但是，在基于油品跟踪的模型中，需要根据站场位置将管道拆分为一系列的管段 $s \in S$，同时假设任意时刻同一油品只能以一个批次的形式存在于各管段内，从而用油品跟踪替代批次跟踪。对于任意一种油品 p，其左坐标代表所有在 p 油品之后进入管道的其他油品 $p' \neq p$ 的体积之和。右坐标与左坐标的差值即为管段内该油品的体积[式(4.32)]。此外，由于每个管段总是充满油品，所以给定的管段体积 v_s^S 必须与管段内的油品体积之和相等[式(4.33)]。管段内油品左、右坐标表示方法如图 4.5 所示。

$$RC_{s,p,t} = LC_{s,p,t} + V_{s,p} \quad s \in S, p \in P, t \in T \quad (4.32)$$

$$\sum_p V_{s,p,t} = v_s^S \quad p \in P, t \in T \quad (4.33)$$

（a）基于批次跟踪的坐标表达方式

（b）基于油品跟踪的坐标表达方式

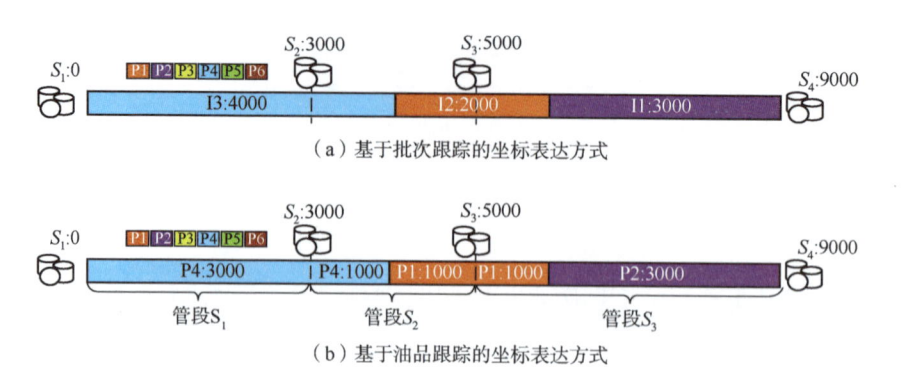

图 4.4　基于批次和油品跟踪的坐标表达方式

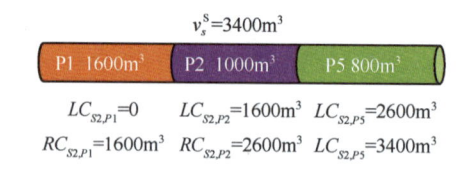

图 4.5　管段内油品左、右坐标表示方法

需要注意的是：在单向流动管道中，批次从右侧离开后便再也无法进入管段，因此在管段中基于批次的方法可以简化建模。由于批次编号是从右向左进行的，因此只需要将所有批次 $i' \geq i$ 的体积相加即可计算出批次 i 的右坐标。但是，在新的以油品为中心的调度模型中，在 p 油品的第一个批次离开管段后，必须允许 p 的其他批次进入该管段，换言之，左坐标和右坐标的值将一直增加直到达到管段体积 v_s^S 为止，那么为了允许该油品重新进入管段，左、右坐标的值必须重置为零。需要引入两类连续变量(发生在时间窗内和发生在时间窗末端)来构建上述逻辑关系和数学模型。

为了处理连续和离散变量对油品坐标的影响，需要把油品坐标相关的变量进行拆解。引入连续变量 $LC_{s,p,t}$ 和 $RC_{s,p,t}$ 分别代表时间窗 t 开始时刻处管段内油品的左、右坐标值，连续变量 $LC_{s,p,t}^{end}$ 和 $RC_{s,p,t}^{end}$ 分别代表时间窗 t 末端处管段内油品的左、右坐标值。为了允许该油品重新进入管段，引入复位变

量 $ZC_{s,p,t}$ 表示在时间窗 t 开始时刻管段 s 内 p 油品的坐标被重置,那么随着油品在管段内运移,油品的左、右体积坐标变化可通过约束式(4.34)和式(4.35)来表示。时间窗 t 末端处油品的左体积坐标可表示为开始时刻的左体积坐标加上其他油品 $p' \neq p$ 的注入体积之和[式(4.36)],时间窗 t 末端处油品的右体积坐标可表示为开始时刻的右体积坐标加上其他油品 $p' \neq p$ 的分输体积之和[式(4.37)]。图4.6给出了一个简单的例子来说明随着管道的运行油品的坐标值变化。

$$LC_{s,p,t} = lc^0_{s,p}|_{t=1} + (LC^{end}_{s,p,t-1} - ZC_{s,p,t})|_{t>1} \quad s \in S, p \in P, t < t^{max} \tag{4.34}$$

$$RC_{s,p,t} = rc^0_{s,p}|_{t=1} + (RC^{end}_{s,p,t-1} - ZC_{s,p,t})|_{t>1} \quad s \in S, p \in P, t < t^{max} \tag{4.35}$$

$$LC^{end}_{s,p,t} = LC_{s,p,t} + \sum_{p' \in P, p' \neq p} V^{J,d}_{s,p',t} \quad s \in S, p \in P, t < t^{max} \tag{4.36}$$

$$RC^{end}_{s,p,t} = RC_{s,p,t} + \sum_{p' \in P, p' \neq p} V^{SJ}_{s,p',t} \quad s \in S, p \in P, t < t^{max} \tag{4.37}$$

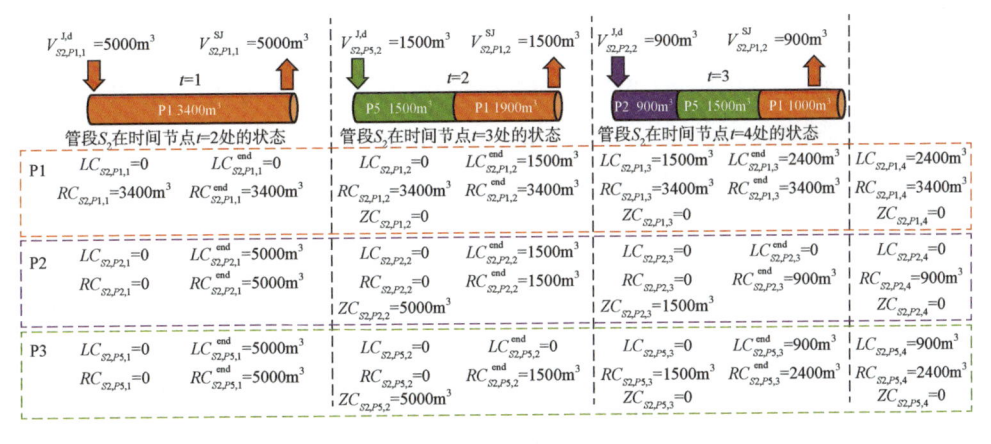

图4.6 坐标变量值变化说明

此外,判断油品 p 在时间节点 t 处是否存在于管段 s 内非常重要。如果不存在($B^{S,is}_{s,p,t} = 0$),那么管段内该油品的体积为0,相应的坐标变量也必须等于0,那么复位变量 $ZC_{s,p,t}$ 就需要被激活允许油品 p 在下一个时间窗进入管段，$ZC_{s,p,t}$的值应高于管段容积，但不应超过可输送的最大容积上限$f_s^{S,\max}$。相反，如果油品p在管段内（$B_{s,p,t}^{S,is}=1$），则复位变量必须重置为0，该油品的左、右体积坐标均小于管段容积。

$$\begin{bmatrix} X_{s,p,t}^{S,is} \\ V_{s,p,t}^{S} \leqslant v_s^S \\ LC_{s,p,t} \leqslant v_s^S \\ RC_{s,p,t} \leqslant v_s^S \\ ZC_{s,p,t} = 0 \end{bmatrix} \vee \begin{bmatrix} \neg X_{s,p,t}^{S,is} \\ V_{s,p,t}^{S} = 0 \\ LC_{s,p,t} = 0 \\ RC_{s,p,t} = 0 \\ ZC_{s,p,t} \leqslant f_s^{S,\max} \end{bmatrix} \quad s \in S, p \in P, t \in T \quad (4.38)$$

$$LC_{s,p,t} \leqslant v_s^S \quad s \in S, p \in P, t \in T \quad (4.39)$$

$$RC_{s,p,t} \leqslant v_s^S \quad s \in S, p \in P, t \in T \quad (4.40)$$

③ 批次通过数目。

在基于批次跟踪的调度模型中，观察式（4.11）、式（4.16）和式（4.26）可以发现：在一个时间窗内，所有批次的操作体积之和与时间窗长度的商在安全流量范围内即可，这意味着一个时间窗可能允许以相同的流量注入/分输多个批次。但是，在基于油品跟踪的调度模型中，油品左、右坐标的跟踪十分复杂，给定的油品坐标约束仅适用于一种油品的一个批次可以在某个时间窗内进入或离开某个管段的情况。以注入站注入流量约束为例，其数学表达形式如式（4.41）和式（4.42）所示。同理，分输站分输和管段约束均只允许一个时间窗内通过一种油品的一个批次。

$$\sum_{p \in P} B_{s,p,t}^{TJD} \leqslant 1 \quad s \in S^R, t \in T \quad (4.41)$$

$$\frac{V_{s,p,t}^{SJ,d}}{q_s^{J\max}} \leqslant \tau_{t+1} - \tau_t \leqslant \frac{V_{s,p,t}^{SJ,d}}{q_s^{J\min}} + h \cdot B_{s,t}^{TJD,idle} \quad s \in S^R, t \in T \quad (4.42)$$

（3）模型求解。

上述建立的基于油品跟踪的基础调度模型为MILP模型，可采用商业求解器进行求解。

(4) 应用实例。

图 4.7 为一个虚拟管道系统，由一座注入站(S_1)，四座分输站(S_2—S_5)和末站(S_6)组成。站场的体积坐标分别为 0(S_1)、10000m^3(S_2)、20000m^3(S_3)、30000m^3(S_4)、40000m^3(S_5)和 47500m^3(S_6)，并且各站场高程相同。该管道输送 P1~P4 四种油品。注入站注入流量范围是 100~500m^3/h，分输站的分输流量范围均为 20~500m^3/h。S_1—S_6 管段的允许流量范围分别为 100~500m^3/h、100~500m^3/h、20~300m^3/h、20~300m^3/h、20~300m^3/h。分输站对各类油品的需求量见表 4.2。

表 4.2　分输站场(S_2—S_6)油品需求量　　　　单位：m^3

站场	需求量			
	P1	P2	P3	P4
S_2	500		2000	8000
S_3		500		
S_4	2500	1000		
S_5				
S_6	7500	1000		

图 4.7 展示了当时间窗数目均设置为 8 时求解得到的最优详细调度计划。在调度计划周期内，注入站满负荷运行，以最大流量 500m^3/h 进行注入操作，因此达到最短的运行计划时长为 46h。在该调度计划中，三种油品(P4、P1 和 P3)依次进入管道，在任一时间窗内只允许注入或分输一种油品的一个批次，与模型约束一致。所有分输站的分输需求偏差均为 0。

基于以上分析，可以发现：基于油品的跟踪方法假设同一时间窗内同一油品只能以一个批次的形式存在于各管段内，从而可以用油品跟踪替代批次跟踪，可适用于具备正反输工艺的管道，适用性更强。但当管段较长时，管段内可能存在同一油品的多个批次，因此该方法存在过度假设的问题。此外，该模型由于将管道拆分成管段，一条管段中只含有一种油品的一个批次，且一个时间窗内只允许通过一个批次,其变量和约束数目及模型规模都较庞大,特别是在面向大规模管网系统时,会导致模型规模急剧增加,引发"维数灾难",导致求解效率更低。

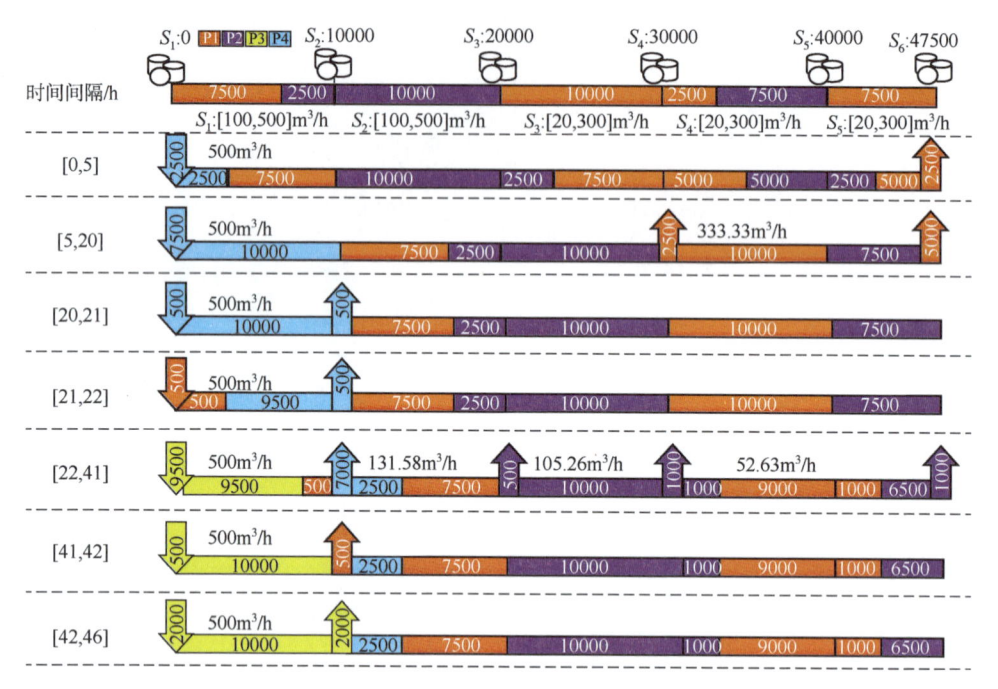

图 4.7　最优详细调度计划图(当时间窗和批次数目均设置为 8)

第 5 章　成品油管道改进调度优化模型

成品油管道采用顺序输送方式，具有多点进出、水力工况多变及顺序输送介质多样等特点，这些特点使得管道调度优化问题中各变量间的耦合关系非常复杂，因此，成品油管道调度优化问题求解十分困难。目前，随着全球成品油管道的加速建设与投产，管道系统的经济、高效运行越来越受到重视，其实现的关键在于调度计划的高水平编制与执行。相对于国外，国内调度计划编制有其自身的特色，需要考虑混油流量下限、站场分输方式等更加复杂的调度工艺。然而，我国多数成品油管道仍采用手工试算的方式进行调度计划的编制与调整，过程繁琐且效率低下，远远无法满足国家管网公司成立后对成品油管网调度水平的要求。因此，快速地制订满足成品油管道上、下游需求，并保证管道全线安全、高效运行的调度计划是我国成品油管道运行与管理的核心任务。本章将介绍成品油管道改进调度优化模型，在保证调度计划质量的前提下提高模型求解效率，从而应用于现场实际。

5.1　模型基础

5.1.1　时间节点排序

在介绍改进调度优化模型前，先介绍调度计划组成。调度计划由"执行者""事件"和"任务"三部分组成。在管道系统中，"执行者"指管道沿线的站场或管段，而"任务"包括"工作"或"空闲"。"工作"又分为三种类型，即"注入"（对于注入站）、"分输"（对于各分输站）和"运行"（对于各管段）。在黑色和红色虚线划分的单个时间窗中，每个"执行者"必须选择一种"任务"，即"工作"或"空闲"。由于一个"任务"可以在多个时间窗内完成，因此可以通过提前设置时间窗的长度（离散时间表示）或将每个时间窗的长度作为决策变量（连续时间表示）来确定。此外，在同一时间窗内不同"执行者"及在不同时间窗内同一"执行者"的"任务"之间，需要考虑多种约束，通常这些约束是实际的现场工艺要求，包括批次跟踪、流量限制、库存管理、混油处理等，这些因素相互耦合，使得问题非常复杂。

图 5.1 描述了单源多汇成品油管道的详细调度计划。各站点将该管道划分为一组容积固定的管段，且各管段内始终充满油品，不同种类油品通常由注入站注入，分批次沿着管道输送，并在各分输站分输。在初始时刻（第 1 个时间节点），管道中批次的体积坐标为正值，等于该批次油头位置与注入站间的管段体积，如图 5.1 中 B2 批次油头体积坐标为其与注入站间的管段体积；注入站注入批次油头的体积坐标为负值，其数值等于其前行批次的注入体积之和的相反数，如图 5.1 中 B3 批次油头体积坐标为 B2 批次注入体积的负值，B4 油头体积坐标为 B2 批次和 B3 批次注入体积之和的负值。

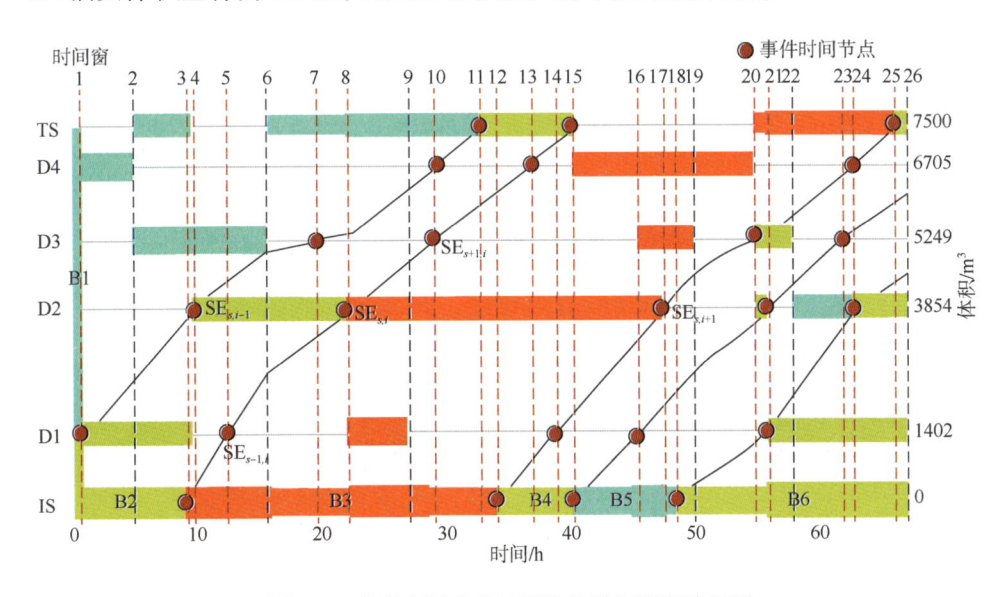

图 5.1 单源多汇成品油管道的详细调度计划图

在该问题中，各批次油头到达站点的时间节点被视为"事件"，通过这些事件时间节点的顺序，可以得到各时间窗内站场正在注入或分输的批次，也可以知道批次油头在管道中所处的位置，下面将以图 5.1 中的第 8 个、第 10 个、第 17 个时间节点为例，说明事件时间节点的意义。首先，从图中可以看出，这三个时间节点分别对应批次油头 B3 到达 D2、B3 到达 D3、B4 到达 D2 的事件，因此，可以推断出批次油头 B3 在时间窗（8，10）中存在于管段

(D2—D3)中，D2 只能在时间窗(8，17)内分输批次 B3，这对于调度优化模型构建具有重要意义。其次，还可以看出 B3 批次油头坐标在时间窗(8，10)内的变化量取决于管段(D2—D3)的油品运输量，即如果 B3 批次油头如期到达 D3，则管段(D2—D3)在时间窗(8，10)内的总运输量必须等于管段(D2—D3)的容量。最后，如果 B2 批次和 B3 批次是物性差异大的油品(如汽油和柴油)，则尽可能避免其界面所处管段处于"空闲"，并且需要在时间窗(8，10)内提高管段(D2—D3)的流量下限以控制混油的发展。此外，除了事件时间节点(即红色虚线)之外，还有一些其他的普通时间节点(即黑色虚线)，其目的是提高调度计划的质量，例如，虽然第一个时间窗的结束时间没有对应一个事件，但通过引入该时间节点，可避免 D4 站在时间窗(1，2)内一直分输 B1 批次导致分输量超出需求量的问题，其中第二个时间窗的结束时间对应注入站开始注入 B3 批次事件。

如上所述，本问题的时间节点为批次油头到达各分输站时间及注入站注入各批次时间，并且当提前确定时间节点排序后，可获得众多调度优化模型求解所必要的信息，从而提高求解效率。

要将这些时间节点按照先后进行排序，首先需要探究其中的约束关系。此处以一个简单成品油管道系统为例。该系统共有一座注入站、三座分输站，注入站注入五个批次油品，其时间节点如图 5.2 所示。τ_i^I 表示注入站注入 i 批次的时间。$\tau_{s,i}^D$ 表示 i 批次到达 s 站的时间。

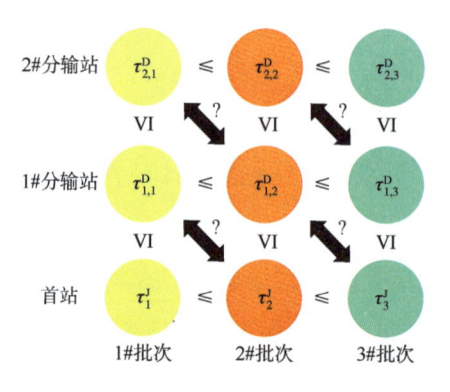

图 5.2 成品油管道系统时间节点排序

从图 5.2 可以看出：对同一个批次而言，该批次注入时间一定早于该批次油头到达各个站的时间，并且批次油头到达前一站的时间一定早于批次油头到达后一站的时间；对于同一站场而言，上一个批次到达该站的时间一定早于下一个批次到达该站的时间。这些时间节点满足如下约束：

$$\tau_i^{\text{J}} \leqslant \tau_{s,i}^{\text{D}} \quad i \in I, \ s \in S \tag{5.1}$$

$$\tau_i^{\text{J}} \leqslant \tau_{i+1}^{\text{J}} \quad i < i^{\max} \tag{5.2}$$

$$\tau_{s,i}^{\text{D}} \leqslant \tau_{s,i+1}^{\text{D}} \quad i < i^{\max}, \ s \in S \tag{5.3}$$

$$\tau_{s,i}^{\text{D}} \leqslant \tau_{s+1,i}^{\text{D}} \quad i \in I, \ s < s^{\max} \tag{5.4}$$

通过上述式子可以得出一些特定变量间的约束关系，但是其他时间节点间的排序仍无法确定（如 $\tau_{s,i}^{\text{D}}$ 与 $\tau_{s+1,i+1}^{\text{D}}$ 两个时间节点的关系），这将导致时间节点的排序存在多种可能性，这也是成品油管道批次调度优化问题十分复杂的原因之一。在本书第 6 章中，将给出三种用于提前确定时间节点顺序的方法。

当时间节点的排列顺序已知时，即可确定每个时间窗内的站场分输批次和批次界面位置范围。如当某个时间窗处于 $\tau_{s,i}^{\text{D}}$ 和 $\tau_{s+1,i}^{\text{D}}$ 这两个时间节点之间时，即可说明在该时间窗内 i 批次油头正处于 s 站与 $s+1$ 站之间的管段内。S_i^{J} 表示注入站注入 i 批次的时间节点排序；$S_{s,i}^{\text{D}}$ 表示 i 批次到达 s 站的时间节点排序。通过式(5.5)可以得出注入站在 $(t, t+1)$ 时间窗内是否注入批次 $i(b_{i,t}^{\text{TJD}})$，若注入（$S_i^{\text{J}} \leqslant t \leqslant S_{i+1}^{\text{J}}$），则 $b_{i,t}^{\text{TJD}} = 1$，否则 $b_{i,t}^{\text{TJD}} = 0$；通过式(5.6)可以得出分输站 s 在 $(t, t+1)$ 时间窗内是否分输批次 $i(b_{s,i,t}^{\text{TD}})$，若分输（$S_{s,i}^{\text{D}} \leqslant t \leqslant S_{s,i+1}^{\text{D}}$），则 $b_{s,i,t}^{\text{TD}} = 1$，否则 $b_{s,i,t}^{\text{TD}} = 0$。

$$\begin{cases} b_{i,t}^{\text{TJD}} = 1 & \text{if} \quad S_i^{\text{J}} \leqslant t \leqslant S_{i+1}^{\text{J}} \\ b_{i,t}^{\text{TJD}} = 0 & \text{else} \end{cases} \quad i \in I_{\text{new}}, \ t < t^{\max} \tag{5.5}$$

$$\begin{cases} b_{s,i,t}^{\text{TD}} = 1 & \text{if} \quad S_{s,i}^{\text{D}} \leq t \leq S_{s,i+1}^{\text{D}} \\ b_{s,i,t}^{\text{TD}} = 0 & \text{else} \end{cases} \quad s \in S,\ i \in I,\ t < t^{\max} \quad (5.6)$$

$$\begin{cases} b_{s,i,t}^{\text{TS}} = 1 & \text{if} \quad S_{s-1,i}^{\text{D}} \leq t \leq S_{s,i}^{\text{D}} \\ b_{s,i,t}^{\text{TS}} = 0 & \text{else} \end{cases} \quad s \in ,\ i \in I,\ t < t^{\max} \quad (5.7)$$

5.1.2 基础参数及决策结果

基础参数包括批次信息、站场和管道信息、需求信息，决策结果包括注入计划和分输计划，具体可参考本书第4章4.1.3节。

5.2 改进调度模型

对于成品油管道调度优化问题，时间的描述对调度问题的建模非常重要。如本书4.1.2节所述，调度模型的时间表达可以分为离散时间表达与连续时间表达两种，基于此两种时间表达，考虑已知时间节点排序的成品油管道改进调度优化模型如下所示。

5.2.1 连续时间模型

在连续时间表达中，以模型中事件发生的时间点作为时间窗划分的依据，时间长度为待求解的模型变量，生成的调度计划批次运移图如图5.1所示，其具体模型如下。

（1）目标函数。

如本书1.4.3节所述，管道调度优化目标多样。对于现场实际，通常以满足分输站油品需求作为首要目标，此处以分输偏差最小为例进行说明，即以所有分输站实际分输量 $V_{s,p}^{X}$ 与相应的需求量 $v_{s,p}^{S}$ 偏差最小作为优化目标。

$$\min f = \sum_s \sum_p |V_{s,p}^{X} - v_{s,p}^{S}| \qquad (5.8)$$

与4.2.1节类似，为了便于模型求解，可将由绝对值导致的非线性通过引入中间非负变量进行处理将其线性化。

（2）约束条件。

① 注入站注入约束。

由于受泵机组及计量设备等流量限制，注入站注入流量应满足一定范围（q^{Jmin}, q^{Jmax}）。

$$V_t^{J} \geq (\tau_{t+1} - \tau_t) q^{\text{Jmin}} \qquad t < t^{\max} \qquad (5.9)$$

$$V_t^{J} \leq (\tau_{t+1} - \tau_t) q^{\text{Jmax}} \qquad t < t^{\max} \qquad (5.10)$$

参见5.1.1节，新批次 i 的体积坐标（v_i^{ZJ}）为负值，其绝对值等于批次1至批次 $i-1$ 的注入体积（v_i^{J}）之和。其计算方法如式(5.11)所示。

$$v_i^{ZJ} = -\sum_{i'<i} v_{i'}^{J} \qquad i \in I^{\text{new}} \qquad (5.11)$$

在每个时间节点上，需要对注入站各种油品库存量进行跟踪。对于每一时间节点而言，注入站油品 p 的库存量（$V_{p,t}^{\text{INV}}$）为前一时间节点油品 p 的库存量（$V_{p,t-1}^{\text{INV}}$）加上该时间窗内注入站油品 p 的生产量[$q_p^{P}(\tau_t - \tau_{t-1})$]，再减去该时间窗内注入站油品 p 的注入量（$\sum_i b_{i,t}^{\text{TJD}} b_{i,p}^{\text{JO}} V_t^{J}$）。

$$V_{p,t}^{\text{INV}} = V_{p,t-1}^{\text{INV}} + q_p^{P}(\tau_t - \tau_{t-1}) - \sum_i b_{i,t}^{\text{TJD}} b_{i,p}^{\text{JO}} V_t^{J} \qquad t > 1, p \in P \qquad (5.12)$$

注入站各种油品库存量需在库存上、下限范围内。

$$V_{p,t}^{\text{INV}} \geq v_p^{\text{INVmin}} \qquad t \in T, p \in P \qquad (5.13)$$

$$V_{p,t}^{\text{INV}} \leq v_p^{\text{INVmax}} \qquad t \in T, p \in P \qquad (5.14)$$

② 站场分输约束。

若站场分输油品（$B_{s,t}^{\text{TO}} = 1$），由于受计量设备及站场接收能力等限制，站场分输体积应满足一定范围（q_s^{Dmin}, q_s^{Dmax}）。若站场不分输油品（$B_{s,t}^{\text{TO}} = 0$），该站在该时间窗下分输体积 $V_{s,t}^{\text{D}}$ 为 0。

$$V_{s,t}^{\text{D}} \leq (\tau_{t+1} - \tau_t) q_s^{\text{Dmax}} + (1 - B_{s,t}^{\text{TO}}) M \quad s \in S, \ t < t^{\max} \quad (5.15)$$

$$V_{s,t}^{\text{D}} \geq (\tau_{t+1} - \tau_t) q_s^{\text{Dmin}} + (B_{s,t}^{\text{TO}} - 1) M \quad s \in S, \ t < t^{\max} \quad (5.16)$$

$$V_{s,t}^{\text{D}} \leq B_{s,t}^{\text{TO}} M \quad s \in S, \ t < t^{\max} \quad (5.17)$$

由于时间节点顺序已知，即可知道每个时间窗站场分输的批次编号（$b_{s,i,t}^{\text{TD}}$）及对应的油品种类（$b_{i,p}^{\text{JO}}$），从而确定该站场在调度周期内分输油品的总体积（$V_{s,p}^{\text{X}}$）。

$$V_{s,p}^{\text{X}} = \sum_t \sum_i V_{s,t}^{\text{O}} b_{s,i,t}^{\text{TD}} b_{i,p}^{\text{JO}} \quad s \in S, \ p \in P \quad (5.18)$$

③ 时间节点约束。

每个时间节点对应的时间取值一定大于等于前一时间节点。每个调度的计划起始时间设为 0。

$$\tau_{t+1} \geq \tau_t \quad t < t^{\max} \quad (5.19)$$

$$\tau_1 = 0 \quad (5.20)$$

④ 批次运移约束。

鉴于研究对象为单源多汇管道，$V_{s,t}^{\text{P}}$ 用于表示各时间窗内 s 分输站前一根管段的油品运移体积，等于第 s 个分输站到末站的分输体积之和（$\sum_{s' \geq s} V_{s',t}^{\text{O}}$）。当运移体积大于 0 时，$B_{s,t}^{\text{IS}} = 1$，表示该管段未停输。

$$V_{s,t}^{\text{P}} = \sum_{s' \geq s} V_{s',t}^{\text{O}} \quad s \in S, \ t < t^{\max} \quad (5.21)$$

$$B_{s,t}^{\text{IS}} M \geq V_{s,t}^{\text{P}} \quad s \in S, \ t < t^{\max} \quad (5.22)$$

为保证管段流量处于经济流速范围内，管段流量应满足一定范围（q_s^{PLmin}, q_s^{PLmax}）。

$$V_{s,t}^{\text{P}} \leq (\tau_{t+1} - \tau_t) q_s^{\text{PLmax}} \quad s \in S, \ t < t^{\max} \quad (5.23)$$

$$V_{s,t}^{\text{P}} \geq (\tau_{t+1} - \tau_t) q_s^{\text{PLmin}} + (B_{s,t}^{\text{IS}} - 1) M \quad s \in S, \ t < t^{\max} \quad (5.24)$$

当 i 批次油头到达 s 分输站时，其在管道中的运移总体积应等于初始时刻

i 批次油头与 s 分输站的体积坐标之差。该运移总体积包括两个部分：一个是前行批次的注入体积；另一个是注入站注入 i 批次后且 i 批次未到达 s 分输站时，其油头在管段内的运移总体积。

$$v_s^{ZS} - v_i^{ZJ} = \sum_t \sum_{i'<i} b_{i',t}^{TJD} V_t^J + \sum_t \sum_{s'<s} b_{s',i,t}^{TS} V_{s',t}^P \quad s \in S, i \in I \quad (5.25)$$

5.2.2 离散时间模型

在离散时间表达中，时间节点对应的时间是已知参数，生成的调度计划如图 5.3 所示，其具体模型如下。

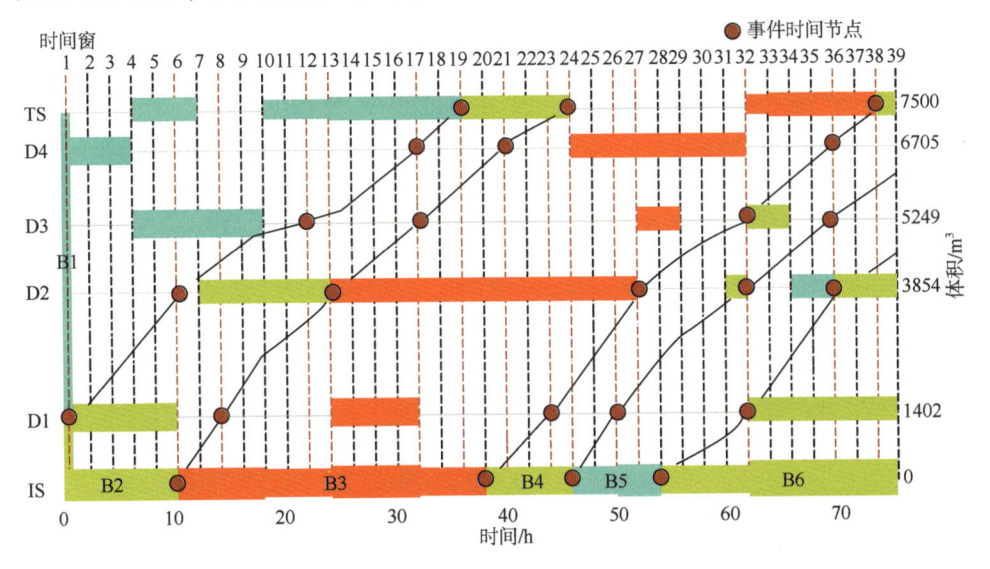

图 5.3 基于离散时间表达构建模型求解的管道详细调度计划图

（1）目标函数。

此处仍以分输偏差最小为目标，其表达式同连续时间表达。

（2）约束条件。

① 注入站注入约束。

与连续时间表达相比，基于离散时间表达构建的模型中变量为站场注入/分输流量。注入站注入体积表达式如式（5.26）至式（5.32）所示。注入站累计注入量、新批次体积坐标定义及注入站油品管存量追踪表达式同连续时间表达。

$$V_t^{J} = Q_t^{J} \Delta t \quad t < t^{max} \tag{5.26}$$

$$Q_t^{J} \geq q^{Jmin} \quad t < t^{max} \tag{5.27}$$

$$Q_t^{J} \leq q^{Jmax} \quad t < t^{max} \tag{5.28}$$

$$v_i^{ZJ} = -\sum_{i' < i} v_i^{J} \quad i \in I^{new} \tag{5.29}$$

$$V_{p,t}^{INV} = V_{p,t-1}^{INV} + q_p^{P}(\tau_t - \tau_{t-1}) - \sum b_{i,t}^{TJD} b_{i,p}^{JO} V_t^{J} \quad t > 1, p \in P \tag{5.30}$$

$$V_{p,t}^{INV} \geq v_p^{INVmin} \quad t \in T, p \in P \tag{5.31}$$

$$V_{p,t}^{INV} \leq v_p^{INVmax} \quad t \in T, p \in P \tag{5.32}$$

② 站场分输约束。

在离散时间表达中，站场分输油品体积表达式如式(5.33)至式(5.36)所示，站场在调度周期内分输油品的总体积同连续时间表达。

$$V_{s,t}^{D} = Q_{s,t}^{D} \Delta t \quad s \in S, t < t^{max} \tag{5.33}$$

$$Q_{s,t}^{D} \leq q_s^{Dmax} + (1 - B_{s,t}^{TO})M \quad s \in S, t < t^{max} \tag{5.34}$$

$$Q_{s,t}^{D} \geq q_s^{Dmin} + (B_{s,t}^{TO} - 1)M \quad s \in S, t < t^{max} \tag{5.35}$$

$$V_{s,t}^{D} \leq B_{s,t}^{TO} M \quad s \in S, t < t^{max} \tag{5.36}$$

③ 其他约束。

时间节点约束、管段流量约束及批次运移约束同连续时间表达。

（3）模型变量描述。

新引入的连续参数 Δt 表示时间窗长度，连续变量 Q_t^{J} 表示 $(t, t+1)$ 时间窗内首站注入油品的流量，$Q_{s,t}^{D}$ 表示 $(t, t+1)$ 时间窗内 s 站分输油品的流量，其余角标、集合、变量及参数同连续时间表达。

5.3 调度工艺

国外对于调度工艺方面的研究多以管段流量或站场分输流量不变为前提，所建立的模型往往比较理想化，且国外学者所研究的成品油管道无须执行如中国成品油管道一样复杂的运行工艺，不能将其现有的模型及技术直接迁移使用。鉴于国内成品油管道的计划编制有其自身的特色，在模型构建时需要考虑特定工艺约束。

5.3.1 混油相关工艺

（1）批次优化。

在成品油管道顺序输送过程中，油品批次排序是影响混油损失的关键因素之一。相邻排序的两种油品物理、化学性质相差越大，混油量越大，处理费用也越高。因此，应尽可能将密度相近、产生的混油易于处理的油品相邻排列输送。式(5.37)表示避免物理、化学性质相差较大的油品相邻输送。其中，二元变量 $Y_{i,p}$ 表示 i 批次是否为 p 种油品，若是，则 $Y_{i,p}=1$，否则，$Y_{i,p}=0$；P_p 代表与油品 p 物理、化学性质相差较大的油品集合。

$$Y_{i,p} + Y_{i+1,p'} = 1 \quad i < i^{\max}, p, p' \in P_p \tag{5.37}$$

对于成品油管道顺序输送工艺而言，完成一个预定的排列次序称为完成了一个循环，在一次循环中，每种油品的一次输送量（也称批量）越大，在管道内形成的混油段和总混油损失越小。但是，油品的生产和消费通常是均衡进行的，若循环次数越少，则需要在管道沿线各站场建造较大容量的储罐区来平衡生产、消费和输送之间的不平衡，油罐区的建造和经营维修费用就会增加。因此，需要对批量进行优化，即式(5.25)中初始时刻 i 批次油头坐标 v_i^{ZJ} 变成待优化变量 V_i^{ZJ}，如式(5.38)，用以追踪批次坐标。同时，应满足一定最小批量要求 $v^{\min}$，如式(5.39)。

$$v_s^{ZS} - V_i^{ZJ} = \sum_t \sum_{i'<i} b_{i',t}^{TJD} V_t^{d} + \sum_t \sum_{s'<s} b_{s',i,t}^{TS} V_{s',t}^{p} \quad s \in S, i \in I \tag{5.38}$$

$$V_i^{ZJ} - V_{i+1}^{ZJ} \geqslant v^{\min} \quad i < i^{\max} \tag{5.39}$$

（2）混油流量限制。

在成品油输送过程中，应使管流处于紊流状态，且要尽量提高雷诺数。混油界面存在与否会使得管段流量下限存在差异。当管段中存在混油界面时，另须补充式(5.40)用于考虑管道中存在混油的情形。其中，q_s^{PLNmin} 表示当第 s 站到第 $s+1$ 站之间管段存在混油界面时的流量下限，通常，q_s^{PLNmin} 在数值上大于 q_s^{PLmin}；$F_{s,t}^{\text{M}}$ 表示若在 $(t, t+1)$ 时间窗内第 s 站到第 $s+1$ 站之间管段存在混油界面，则 $F_{s,t}^{\text{M}} = 1$，否则 $F_{s,t}^{\text{M}} = 0$，其余变量及参数同上。

$$V_{s,t}^{\text{P}} \geq (\tau_{t+1} - \tau_t) q_s^{\text{PLNmin}} + (F_{s,t}^{\text{M}} - 1) M \quad s \in S, t < t^{\max} \quad (5.40)$$

（3）混油界面停输限制。

成品油管道发生停输工况时，在线路起伏地带，重力场使液体产生分层，特别是当高密度油品位于低密度油品上方时，因油品密度差导致混油量显著增加。为此，需要在计划编制过程中，控制管道停输时混油界面所处的位置，尽量保证高密度油品处于斜坡的下方，低密度油品处于斜坡的上方。

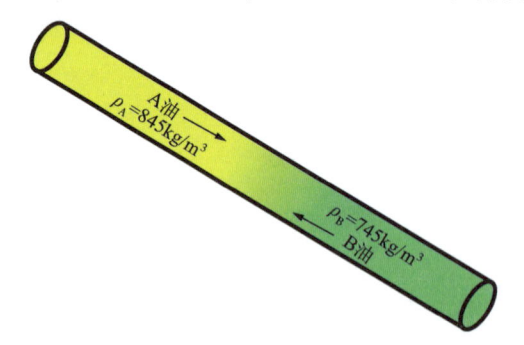

图 5.4　停输时相邻油品在接触区的浮升与下降图

式(5.41)至式(5.43)表示当成品油管道处于停输状态时（$B_{i,t,l}^{\text{SN}} = 1$），混油界面位置应处于非大落差区范围 $[v_n^{\text{ZNmin}}, v_n^{\text{ZNmax}}]$ 内。其中，$B_{i,t}^{\text{S}}$ 表示第 i 批次油头所在管道在 $(t, t+1)$ 时间窗内是否停输，若停输，则 $B_{i,t}^{\text{S}} = 1$，否则，$B_{i,t}^{\text{S}} = 0$。

$$RC_{i,t} \leq v_n^{\text{ZNmax}} + (1 - B_{i,t,l}^{\text{SN}}) M \quad i \in I^{\text{L}}, n \in N, t < t^{\max} \quad (5.41)$$

$$RC_{i,t} \geq v_n^{\text{ZNmin}} + (B_{i,t,l}^{\text{SN}} - 1) M \quad i \in I^{\text{L}}, n \in N, t < t^{\max} \quad (5.42)$$

$$\sum_l B_{i,t,l}^{\text{SN}} = B_{i,t}^{\text{S}} \quad i \in I^{\text{L}}, t < t^{\max} \quad (5.43)$$

（4）混油切割及越站。

混油处理是降低成品油管道长距离顺序输送成本、提高管输经济效益的重要方式，因此混油切割是成品油管道输送的重要环节。然而，混油切割是一种比较复杂的工艺，需要确定合理的混油切割时间、混油处理方法及处理量等。一般将含有前行油品浓度1%~99%的油流作为混油，并装入专用混油罐内。未建设混油罐的分输站不具备混油切割功能，须执行混油越站工艺，即等待混油段完全经过站场后再执行分输操作。因此，在成品油管道调度计划编制过程中，根据分输站是否设有混油罐，决定执行混油切割或越站操作。

式(5.44)表示混油经过设有混油罐的分输站时，需要执行混油切割操作；式(5.45)表示经过未设有混油罐的分输站时，需要执行混油越站操作；式(5.46)用以保证在越站后，混油段完全越过该站场，如图5.5所示。其中，S_N表示设有混油罐的分输站场集合；$S \setminus S_N$表示未设有混油罐的分输站场集合；T_N表示混油段到达分输站场的时间节点集合；v_c表示混油段体积。

$$V_{s,t}^D \geq v_c \quad s \in S_N, \ t \in T_N \tag{5.44}$$

$$V_{s,t}^D = 0 \quad s \in S \setminus S_N, \ t \in T_N \tag{5.45}$$

$$\sum_{s' \geq s} V_{s',t}^D \geq v_c \quad s \in S \setminus S_N, \ t \in T_N \tag{5.46}$$

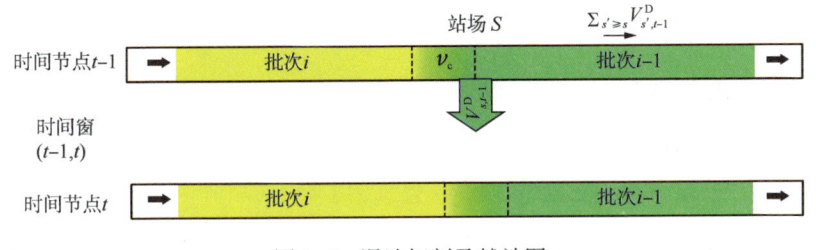

图5.5 混油切割及越站图

5.3.2 站场分输工艺

站场分输模式通常包括平均分输和集中分输两种。平均分输指当分输站所需批次油头到站时开始分输，油尾过站时停止分输，此时，须对站场分输油品的操作进行限制，保证每个时间窗均有分输操作，即分输操作次数$\sum_{t \in T_{s,i}} B_{s,t}^{TO}$等于时间窗个数$|T_{s,i}|$，如式(5.47)所述。

集中分输指各个分输站综合考虑该站的油品需求情况、油品批次运移、其他分输站的操作计划及流量压力约束来确定该站场对每个需求批次的分输起止时间，上述基于连续时间表达构建的模型即采用该种模式，此时站场分输二元变量不做额外限制，即分输操作次数 $\sum_{t \in T_{s,i}} B_{s,t}^{\text{TO}}$ 小于时间窗个数 $|T_{s,i}|$，如式(5.48)所述。

$$\sum_{t \in T_{s,i}} B_{s,t}^{\text{TO}} = |T_{s,i}| \quad s \in S, i \in I_s^{\text{N}} \tag{5.47}$$

$$\sum_{t \in T_{s,i}} B_{s,t}^{\text{TO}} \leq |T_{s,i}| - 1 \quad s \in S, i \in I_s^{\text{N}} \tag{5.48}$$

5.3.3 管道运行平稳

为了达成管道运行平稳的目的，需要保证管道输送流量变化较小。以保证管道流量平稳为原则所制订的计划，一方面可以减少人员操作，降低水击所带来的风险，另一方面，对于特定输送任务可以降低运行能耗[36]，从而保证管道安全、经济运行。由于基于连续时间表达所构建的模型无法表示管道流量变量，因此以离散时间表达进行工艺说明。

式(5.49)和式(5.50)表示将管道输送流量变化量作为目标函数，从而保证执行调度计划时，管道运行平稳。其中，$V_{s,t}^{\text{A}}$ 和 $V_{s,t}^{\text{B}}$ 表示线性化目标函数时引入的人工变量，具体处理过程可参考 5.2.1 节。

$$\min f = \sum_s \sum_{1 < t < t^{\max}} (V_{s,t}^{\text{A}} + V_{s,t}^{\text{B}}) \tag{5.49}$$

$$\begin{cases} V_{s,t}^{\text{A}} \geq \sum_{s' \geq s} Q_{s',t}^{\text{D}} - \sum_{s' \geq s} Q_{s',t-1}^{\text{D}} \\ V_{s,t}^{\text{B}} \geq \sum_{s' \geq s} Q_{s',t-1}^{\text{D}} - \sum_{s' \geq s} Q_{s',t}^{\text{D}} \end{cases} \quad s \in S, 1 < t < t^{\max} \tag{5.50}$$

第 6 章　成品油管道改进调度优化模型求解算法

成品油管道改进调度优化模型的构建基于已知时间节点顺序，即需要提前确定表征时间节点顺序的变量。此时所提出的改进模型属于严格混合整数线性凸优化问题，可用许多成熟的方法求解，并且时间节点排序的优劣将决定模型求解结果的质量。因此，寻求最优的时间节点排序是求解调度优化问题的关键所在，本章将介绍两阶段、自学习和数据驱动三种算法来寻求最优的时间节点排序。

6.1 两阶段求解算法

6.1.1 算法介绍

图 6.1 展示了两阶段求解算法的框架：第一阶段为时间节点最优排序问题；第二阶段为给定时间节点排序下的调度优化问题。给定一组初始的时间节点顺序（即注入站时间节点排序$S_{s,i}^{\mathrm{I}}$和分输站时间节点排序$S_{s,i}^{\mathrm{D}}$），循环以下步骤直至获得满足期望的调度计划（即第二阶段的目标函数 $FF \leqslant \varepsilon$，ε 是允许的偏差）：(1) 计算注入站注入状态二元参数$b_{t,i}^{\mathrm{TID}}$和分输站分输状态二元参数$b_{s,t,i}^{\mathrm{TD}}$，见式 (5.5) 和式 (5.6)；(2) 将这些参数代入第二阶段模型以获得调度计划；(3) 采用寻优算法调整时间节点排序。

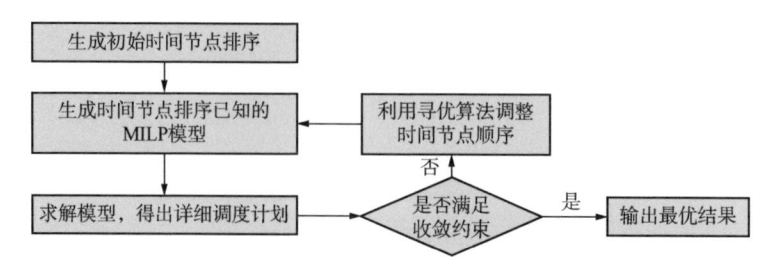

图 6.1 两阶段求解算法逻辑图

综上，该算法的核心在于最优时间节点排序的确定。时间节点排序问题属于组合优化问题，常通过数学方法去寻找事件的最优排序。对于结构化的组合优化问题，其解空间的规模能够得到控制，使用精确算法可求得最优解。而当问题的规模逐渐增大时，求解该类问题最优解需要的计算量与存储空间的增长速度非常快，会带来所谓的"维数灾难"，使得在现有的计算能力下，通过各种枚举方法、精确算法寻找并获得最优解几乎变得不可能。此时，启发式算法、元启发式算法应运而生。下面将以邻域搜索算法为例进行介绍。

邻域搜索算法从一个（或一组）初始解出发，通过邻域函数生成解的邻域，再在邻域中搜索出更优的解来替换当前解，通过不断的迭代过程获得最优解。在该问题中，由于注入站注入计划已知，假设所有分输站不进行分输操作，即可计算出初始时间节点排序，将此排序作为邻域搜索算法的初始解。在每次迭代运算时，随机挑选两个时间节点进行顺序交换，然后判断交换后的新顺序是否能满足约束。如果不能满足，重新挑选两个时间节点进行顺序交换，直至新顺序可满足所有约束。根据新的排序建立 MILP 模型并利用分支定界法进行求解，得出与之相对应的具体调度计划和目标函数值。按照目标函数值的优劣将所有已探索的位置进行排序，挑选最好的解进行下一次计算。

6.1.2　算法应用实例

本节以两条管道为例，说明所提出的算法的收敛性、稳定性和实用性。
（1）收敛性和稳定性测试。

图 6.2 为一个虚拟管道系统，该管道内径为 309.7mm，长度为 532km，由一座注入站（IS）、四座分输站（D1、D2、D3 和 TS）和四座泵站（P1、P2、P3 和 P4）组成。站场的体积坐标分别为 0（IS/P1）、10000m^3（D1/P2）、20000m^3（D2/P3）、30000m^3（D3/P4）和 40000m^3（TS），并且各站场高程相同。该管道输送 95#汽油、92#汽油和 0#柴油三种油品。

站场之间的管段流量应控制在一定范围内。考虑到泵的高效工作区，管段流量范围为 500～1100m^3/h。此外，当管段中存在混油时，管段流量需在 680m^3/h 以上，以控制混油发展。注入站注入流量范围为 500～1100m^3/h，中

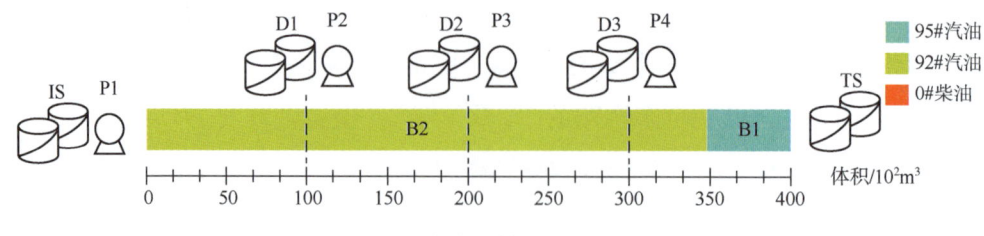

图 6.2　某虚拟管道系统示意图

间分输站和末站的分输流量范围为 150~600m³/h。注入站（IS）每种油品的库存范围上限为 20000m³。每种油品的生产率分别为 160m³/h（95#汽油）、80m³/h（92#汽油）和 80m³/h（0#柴油）。对于该计划，管道初始状态由两个批次组成，分别是 B2 批次（92#汽油）和 B1 批次（95#汽油），其油头体积坐标为 40000m³（B1）和 35000m³（B2）。注入站每种油品的初始库存分别为 2000m³（95#汽油）、15000m³（92#汽油）和 12000m³（0#柴油）。单位体积分输量偏差成本是 $c^B = 100CNY/M^3$。各分输站场需求量如本书附录 A 中表 A.1 所示。

对初始解的数量（N）进行测试，相关参数设置如下：N 分别设置为 50 和 100，最大迭代次数（C）为 80，挑选每次迭代中较好解的数量（M）为 10。每种情况重复 5 次，迭代过程如图 6.3 所示。每 5 次计算的收敛结果相似，波动指数为 1.09%（$N=50$）和 1.50%（$N=100$），这表明 N 对模型稳定性影响很小；平均迭代收敛次数为 63（$N=50$）和 55（$N=100$），说明 N 值越大，收敛速度越快。

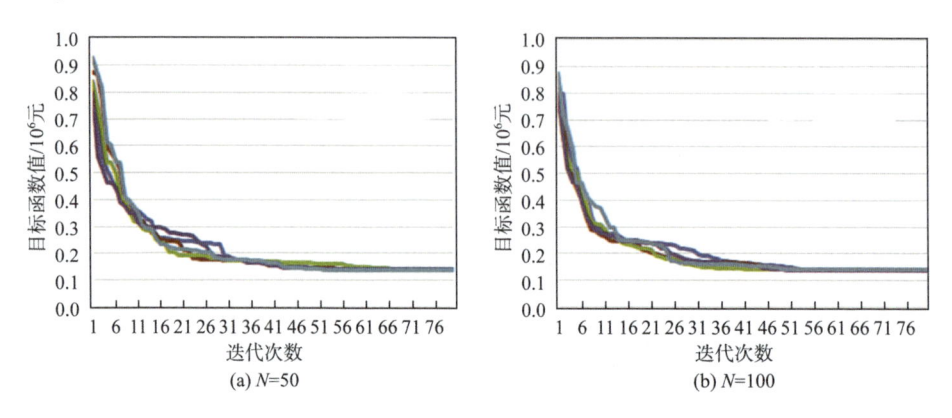

图 6.3　不同 N 下的迭代过程图

测试不同 M 下的迭代过程，蚁群算法相关参数设置如下：C 为 80，N 为 100，M 分别为 10 和 20。每种情况重复 5 次，迭代过程如图 6.4 所示。每 5 次计算的收敛结果相似，结果的波动指数为 1.25%（$M=10$）和 2.13%（$M=20$），表明 M 对模型稳定性影响不大；平均迭代收敛次数为 63（$M=10$）和 52（$M=20$），它表明 M 越大，收敛越快。

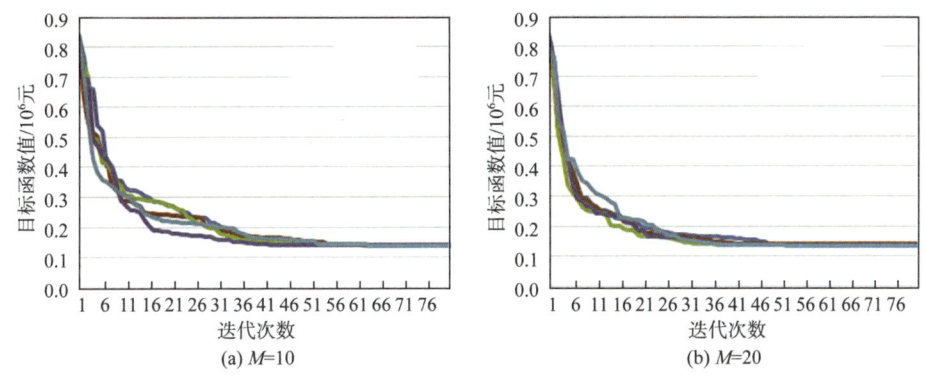

图 6.4 不同 M 下的迭代过程图

（2）实用性测试。

图 6.5 为一个实际管道系统，该管道长约 224km，由一座注入站场（IS）、五座分输站场（D1、D2、D3、D4 和 TS）和两座泵站（P1 和 P2）组成，基础数据如附录 A 中表 A.2 所示。该管道系统输送三种产品（95#汽油、92#汽油和 0#柴油）。注入站注入流量范围为 50~500m³/h，中间分输站场分输流量范围为 70~300m³/h，末站分输流量范围为 50~500m³/h。注入站每种油品的库存范围上限为 10000m³，每种油品的生产率为 50m³/h。对于该计划，管道初始状态由两个批次组成，分别是 B2 批次（92#汽油）和 B1 批次（95#汽油线），其体积坐标为 15000m³（B1）、10500m³（B2）。每种油品的初始库存为 6180m³（95#汽油）、6600m³（92#汽油）和 8030m³（0#柴油）。分输量偏差的单位成本与本节"收敛性和稳定性测试"中示例相同。附录 A 中表 A.3 中为每座分输站场油品需求。

邻域搜索算法的参数如下：N 为 100，C 为 70，M 为 10。程序执行时间为 128.99s，迭代过程如图 6.6 所示。经过 58 次迭代后算法收敛，结果如图 6.7 所示。管段流量波动如附录 A 中图 A.1 所示，所有流量均在给定范围内。注入站油品库存波动如附录 A 中图 A.2 所示。

图 6.5　某实际管道系统示意图

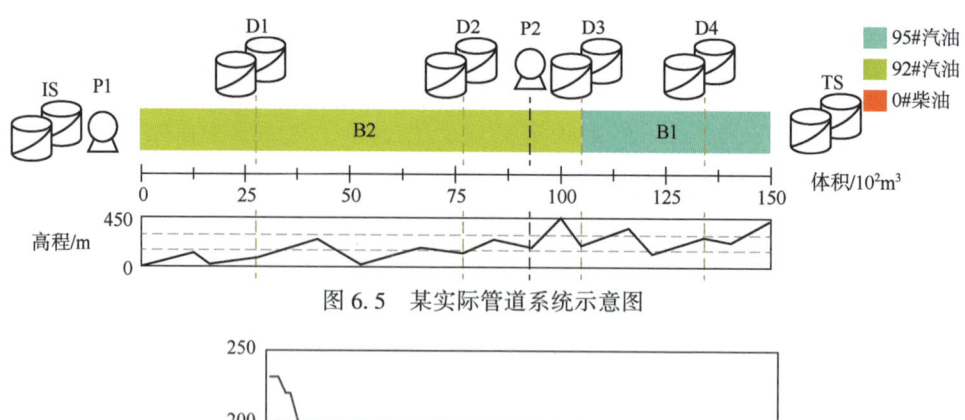

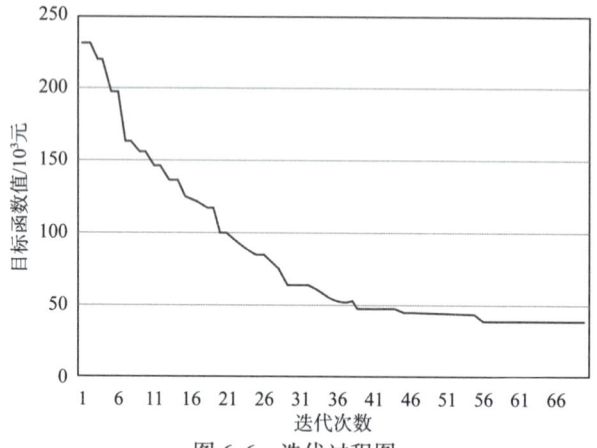

图 6.6　迭代过程图

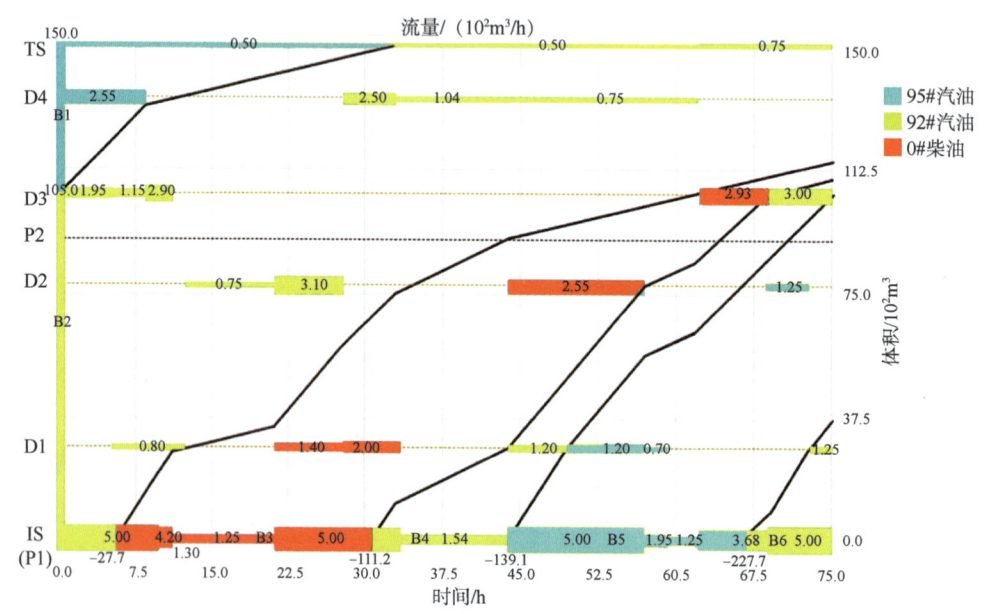

图 6.7　批次运移图(邻域搜索算法求解得到)

6.2 自学习求解算法

6.2.1 算法介绍

由上节内容可知，邻域搜索算法的初始解是基于"所有分输站不进行分输操作"这个假设来获得的。考虑到初始解的优劣会大大影响算法的求解时间，本节将介绍自学习求解算法，以获得较优的初始解。

通过分析大量的现场调度计划，总结得出"对于同一条管道而言，若供应计划、需求计划、初始管道状态都差异不大，其制订的最优调度计划时间节点排列顺序相似"。定义矩阵 $\boldsymbol{A}^Z = [A^{IV}\,A^S\,A^{ZI}]_{N\times(P+SP+I)}$ 为 N 个历史计划的信息矩阵，$a = [a^{IV}\,a^S\,a^{ZI}]_{1\times(P+SP+I)}$ 为某个新计划的信息向量，其中，$\boldsymbol{A}^{IV}_{N\times P}$ 为注入站历史供应计划[式(6.1)]，$\boldsymbol{A}^S_{N\times SP}$ 为分输站历史需求计划[式(6.2)]，$\boldsymbol{A}^{ZI}_{N\times I}$ 为管道历史初始状态量[式(6.3)]，$a^{IV}_{1\times P}$ 表示新计划的供应计划，$a^S_{1\times SP}$ 表示新计划的需求计划，$a^{ZI}_{1\times I}$ 表示新计划的管道初始状态。为获得与新计划最相似的历史计划，并将其时间节点排序作为新计划的初始解，从而加快邻域搜索算法的收敛速度及计算效果，需要在矩阵 $\boldsymbol{A}$ 中寻找出与 a 最相近的一组向量。

$$\boldsymbol{A}^{IV} = \begin{bmatrix} v^{IV}_{1,1} & \cdots & v^{IV}_{1,p} & \cdots & v^{IV}_{1,p_{\max}} \\ \vdots & \vdots & \vdots & \vdots & \vdots \\ v^{IV}_{n,1} & \vdots & v^{IV}_{n,p} & \vdots & v^{IV}_{n,p_{\max}} \\ \vdots & \vdots & \vdots & \vdots & \vdots \\ v^{IV}_{n_{\max},1} & \cdots & v^{IV}_{n_{\max},p} & \cdots & v^{IV}_{n_{\max},p_{\max}} \end{bmatrix} \quad p \in P,\ n \in N \qquad (6.1)$$

$$A^{S} = \begin{bmatrix} v_{1,1}^{S} & \cdots & v_{1,(s-1)\times p_{\max}+p}^{S} & \cdots & v_{1,s_{\max}\times p_{\max}}^{S} \\ \vdots & \vdots & \vdots & \vdots & \vdots \\ v_{n,1}^{S} & \vdots & v_{n,(s-1)\times p_{\max}+p}^{S} & \vdots & v_{n,s_{\max}\times p_{\max}}^{S} \\ \vdots & \vdots & \vdots & \vdots & \vdots \\ v_{n_{\max},1}^{S} & \cdots & v_{n_{\max},(s-1)\times p_{\max}+p}^{S} & \cdots & v_{n_{\max},s_{\max}\times p_{\max}}^{S} \end{bmatrix} \quad s \in S,\ p \in P,\ n \in N \quad (6.2)$$

$$A^{ZJ} = \begin{bmatrix} v_{1,1}^{ZJ} & \cdots & v_{1,i}^{ZJ} & \cdots & v_{1,i_{\max}}^{ZJ} \\ \vdots & \vdots & \vdots & \vdots & \vdots \\ v_{n,1}^{ZJ} & \vdots & v_{n,i}^{ZJ} & \vdots & v_{n,i_{\max}}^{ZJ} \\ \vdots & \vdots & \vdots & \vdots & \vdots \\ v_{n_{\max},1}^{ZJ} & \cdots & v_{n_{\max},i}^{ZJ} & \cdots & v_{n_{\max},i_{\max}}^{ZJ} \end{bmatrix} \quad i \in I_{\text{old}},\ n \in N \quad (6.3)$$

式中：$n \in N = \{1, 2, \cdots, n_{\max}\}$ 为历史计划编号；$v_{n,p}^{IV}$ 为第 n 个计划中注入站第 p 种油品的供应量；$v_{n,(s-1)\times p_{\max}+p}^{S}$ 为第 n 个计划中第 s 个分输站对第 p 种油品的需求量；$v_{n,i}^{ZJ}$ 为第 n 个计划中初始时刻管道内第 i 个批次的油头体积坐标。

以模糊聚类方法为例，对如何寻找相似历史计划进行详细说明。首先设 $A = [A_Z a] = (\alpha_{nm})_{(N+1)\times M}$ [其中，$M = (P+SP+I)$]。将矩阵 A 进行标准化处理，$\widehat{A} = (\widehat{\alpha}_{nm})_{(N+1)\times M}$，$\widehat{\alpha}_{nm} = \dfrac{\alpha_{nm} - \min_{1 \leqslant n \leqslant (N+1)}\{\alpha_{nm}\}}{\max_{1 \leqslant n \leqslant (N+1)}\{\alpha_{nm}\} - \min_{1 \leqslant n \leqslant (N+1)}\{\alpha_{nm}\}}$，然后求解 $\widehat{A}$ 矩阵中任意两个向量间的贴近度 r_{nm}。$r_{nm} = \dfrac{\sum_{t=1}^{M}(\widehat{\alpha}_{nt} \wedge \widehat{\alpha}_{mt})}{\sum_{t=1}^{M}(\widehat{\alpha}_{nt} \vee \widehat{\alpha}_{mt})}$ 建立模糊相似矩阵 R，计算其传递闭包 $\widehat{R}$，最终得出向量 a 与 A 中所有向量的相似关系。选出与 a 最相近的向量，并将该调度计划的时间节点排序从历史数据库中提取出来，赋给算例作为邻域搜索算法的初始值。计算过程中时间排序的调整具体过程，即邻域搜索算法计算过程与本章 6.1.1 节相同，在此不做详细说明。

由于模糊聚类求解过程并不复杂且计算量较少，其求解时间相比于MILP模型较短。因此，可以通过增大历史计划信息矩阵规模来获得与最优值可能更接近的邻域搜索算法初始解，从而大大降低总体计算时间，并改善计算效果。这里采用一种自学习算法来构建、更新历史计划信息矩阵，具体计算流程如图6.8所示：(1)初始历史计划信息矩阵可基于现场实际运行计划获得，并根据模型参数范围随机生成初始计划，从而进一步扩充矩阵规模，并利用6.1节的两阶段算法对其进行求解，一并将这些初始计划记录在历史计划信息矩阵中；(2)利用模糊聚类方法在计划信息矩阵中确定待求计划的初始解（初始的时间节点排序），利用寻优算法得出新的调度计划及时间节点排序，并存入历史计划信息矩阵中；(3)在投入现场应用之前，随机生成上百次的算例，通过自学习算法获得这些算例的最优解，并将其更新至历史计划信息矩阵中。同时，在现场应用过程中，求解得到的调度计划也会存入历史计划信息矩阵供算法学习。因而，随着求解次数的增加，每次求解新算例的计算时间会降低，计算结果也较优。

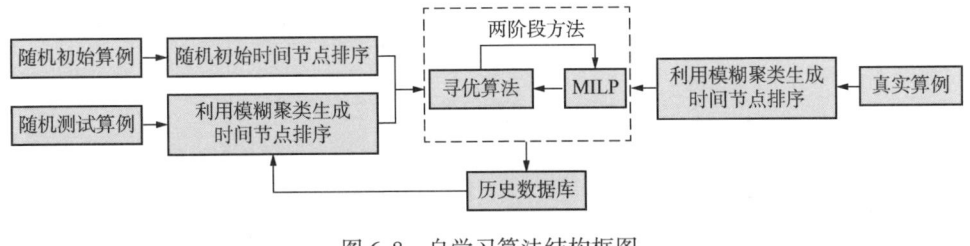

图6.8 自学习算法结构框图

6.2.2 算法应用实例

管道基本数据如下：

以国内某条成品油管道为例，该管道全长375.5km，共有一座注入站、四座分输站。输送三种油品，分别为0#柴油、92#汽油、95#汽油，密度分别为845kg/m^3、735kg/m^{3}和740kg/m^3。管道初始时刻充满0#柴油。为了减少管道运输所产生的混油量,0#柴油和95#汽油不能相邻输送,并且存在汽柴界面的管段不能停输。为了避免流量频繁波动,操作切换间隔时间必须大于1.5h。管线基础数据如附录 A 中表 A.4 所示,管段流量上、下限如附录 A 中表 A.5 所示,分输站流量区间如附录 A 中表 A.6 所示,各分输站所需油品种类和质量如附录 A 中表 A.7 所示。

采用自学习算法求解得到的输油计划如图 6.9 所示,管段流量如附录 A 中图 A.3 所示,分输流量如附录 A 中图 A.4 所示。

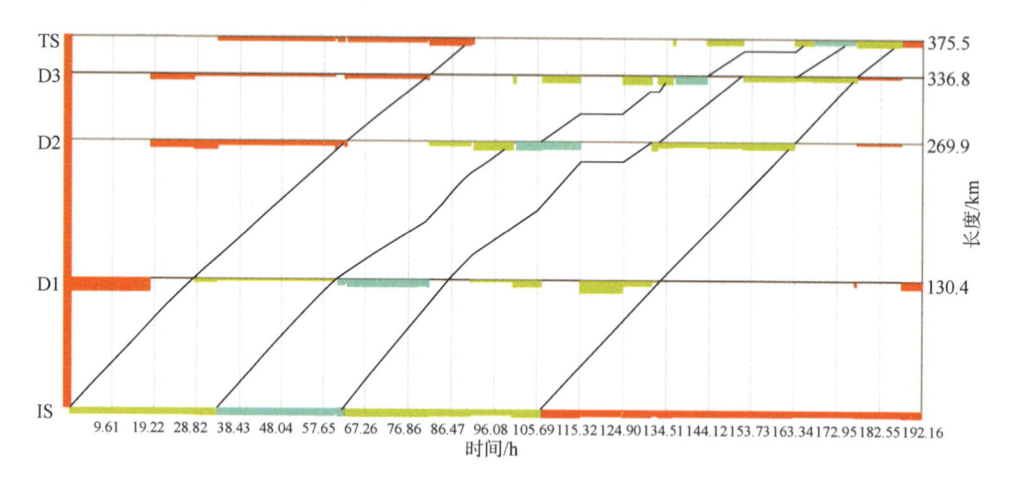

图 6.9 批次运移图(自学习算法求解得到)

以 6 个调度计划为例,进一步讨论自学习算法应用效果,该 6 个调度计划所对应的模型规模相同,见表 6.1。根据对现场大量历史数据的分析,分输站对每种油品的需求量范围为 2000~25000t,基于此开展算法训练。对于自学习算法,训练次数(r)和学习对象个数(m)与解的准确性相关。为了阐述学习对象个数对求解效果的影响,分别将其个数设置为 1 个、5 个、10 个和 20 个,训练次数为 100 次,相应的计算结果见表 6.2。

表 6.1 MILP 模型规模

连续变量数量/个	离散变量数量/个	等式约束数量/个	不等式约束数量/个
2225	1117	868	15999

根据计算结果,两阶段求解算法在计划 1、计划 2 和计划 6 中计算效果

更好，可以收敛得到全局最优解。而对于计划3、计划4和计划5，计算时间较长，求解效果较差，这是因为选择了质量较低的初始解，从而导致邻域搜索算法收敛到了局部最优解。如表6.2所示，当学习对象个数为1个和5个时，在训练次数达到100次之后，计算时间减少，但是在计划3、计划4和计划5中仍然存在局部最优解。当学习对象个数为10个时，由于学习对象个数的增加，更有可能获得全局最优解。在计划4中收敛得到一个全局最优解。当学习对象个数为20个时，可以避免计划3和计划5收敛到局部最优化的情况。

表6.2 学习对象个数对模型求解影响

算例	CPU运行时间/s $r=100$ $m=1$	f	CPU运行时间/s $r=100$ $m=5$	f	CPU运行时间/s $r=100$ $m=10$	f	CPU运行时间/s $r=100$ $m=20$	f
1	60.1	0	59.3	0	58.2	0	59.2	0
2	502.4	0	479.1	0	479.5	0	478.5	0
3	1210.3	420.1	1124.6	420.1	1124.3	420.1	1007.9	402.6
4	853.1	157.7	861.2	157.7	544.3	0	554.5	0
5	932.5	829.1	942.1	829.1	899.6	668.7	883.3	668.7
6	71.2	0	71.1	0	70.5	0	70.9	0

为了阐述学习次数对模型求解效果的影响，分别将其次数设置为500次、800次和1000次，学习对象个数为20个，相应求解结果见表6.3。从表6.3可以看出，当训练次数达到100次后，求解效率和效果明显提高。当训练次数为500次时，该算法可以找到所有案例的全局最优解。当训练次数为800次时，平均花费7.2s即可获得满意解。而当训练次数达到1000次时，执行一次计算即可得到满意解。

表 6.3　训练次数对模型求解影响

算例	CPU 运行时间/s $r=500$ $m=20$	f	CPU 运行时间/s $r=800$ $m=20$	f	CPU 运行时间/s $r=1000$ $m=20$	f	CPU 运行时间/s 两阶段求解方法	f	CPU 运行时间/d 统一模型	f
1	10.6	0.0	4.3	0.0	4.3	0.0	174.1	0.0	0.96	0.0
2	60.6	0.0	16.3	0.0	4.2	0.0	625.8	0.0	0.96	0.0
3	383.6	0.0	5.3	0.0	5.3	0.0	1340.6	420.1	0.97	0.0
4	181.2	0.0	8.5	0.0	5.5	0.0	1066.7	157.7	1.01	0.0
5	211.1	0.0	4.5	0.0	4.5	0.0	1189.5	829.1	0.97	0.0
6	18.0	0.0	4.3	0.0	4.3	0.0	135.5	0.0	0.95	0.0

6.3　数据驱动求解算法

6.3.1　算法介绍

为了获得质量较高的邻域搜索算法初始解，本节将介绍另一种方法，即基于数据驱动的求解方法。在给定的管道系统下，最优时间节点排序仅取决于总供需计划。因此，基于数据驱动的方法主要侧重于建立反映总供需计划和最优时间节点排序之间潜在关系的神经网络。如图 6.10 所示，该方法分为三个部分：第一部分是冷启动，用于快速生成大量的基础训练数据，包括总供需计划（注入数据）和相应的最优时间节点排序（输出数据）；第二部分是神经网络训练，以快速求解时间节点排序；第三部分是案例测试，并完成神经网络数据集的更新。

数据驱动求解算法的框架如图 6.11 所示。首先，通过冷启动获得用于训练神经网络的数据集。其次，将新的总供需计划输入神经网络中，获得初始时间节点排序，并通过调度优化求解方法获得满意的调度计划。最后，利用新的供需计划和最终得出的最优时间节点排序再次训练神经网络以完成算法的自学习。随着训练次数的增加，该方法的效果会不断改善。

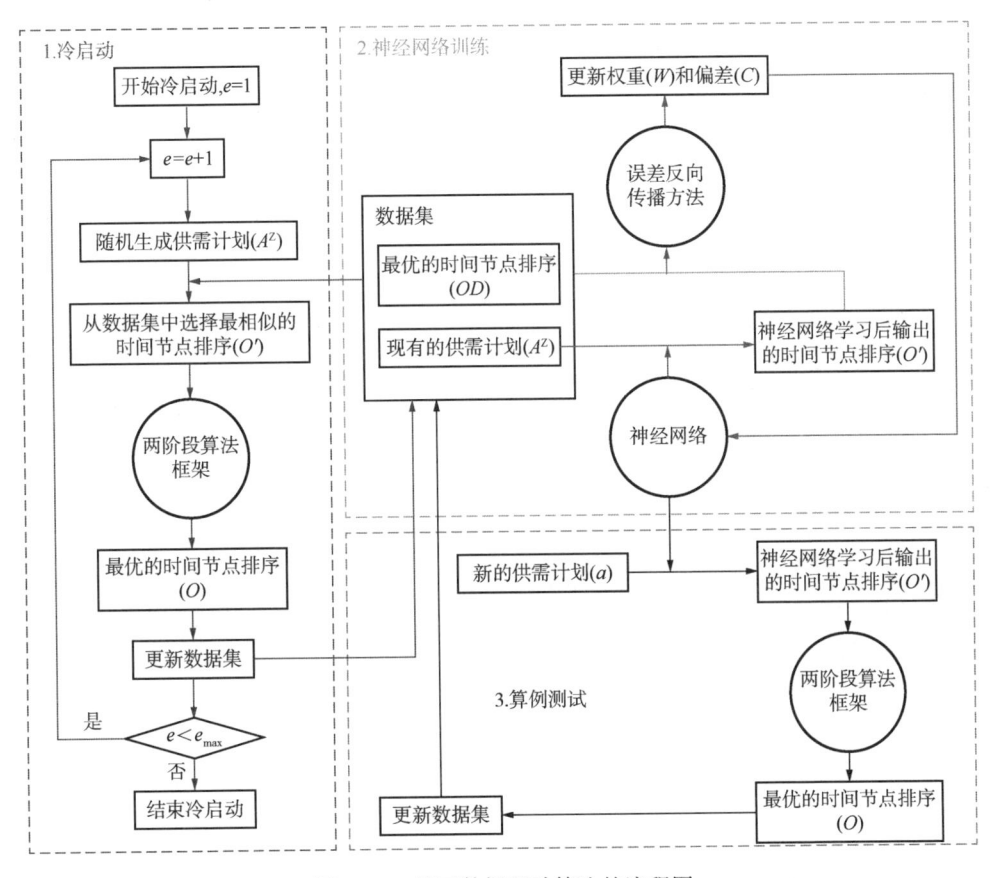

图 6.10 基于数据驱动算法的流程图

（1）冷启动。

如上所述，如果两个调度计划的总供需计划相似，则最优时间节点排序也将相似。基于这个假设，如果事先已经在数据集中记录了一系列历史计划

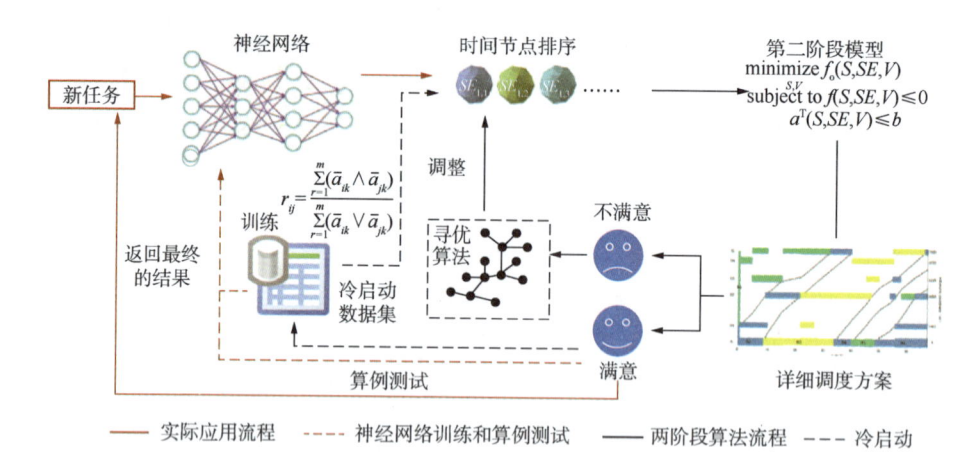

图 6.11 数据驱动求解算法框架图

及其相应的全局最优序列，可以根据新计划与历史计划之间的相似性从数据集中选择一些序列，选择的这些序列可以作为调度问题的初始解。然后，将获得的新计划的最佳序列放入数据集中以进行后续计算。在这种情况下，提出了一种用于生成基本训练数据的模糊聚类分析。

输入参数集合为矩阵 $A^Z = [A^{IV} A^S A^{ZJ}]_{N\times(P+SP+I)}$，与输入参数对应的最佳时间节点排序为矩阵 O。通过本章 6.2 节的自学习方法，可以快速、有效地生成大量训练数据，即供需计划、管道初始状态(输入数据)和相应的最优时间节点排序(输出数据)，从而建立神经网络所需的样本库。具体步骤如下：

① 设定集合 $A^Z = (\alpha_{nm})_{N\times M}$，并将 A 标准化处理为 $\hat{A} = (\hat{\alpha}_{nm})_{n\times m}$，其中

$$\hat{\alpha}_{nm} = \frac{\alpha_{nm} - min_{1\leq n\leq(N+1)}\{\alpha_{nm}\}}{max_{1\leq n\leq(N+1)}\{\alpha_{nm}\} - min_{1\leq n\leq(N+1)}\{\alpha_{nm}\}};$$

② 计算矩阵中任意两个向量的贴近度并获得模糊相似矩阵 $R = (r_{nm})_{n\times m}$，其中 $r_{nm} = \dfrac{\sum_{t=1}^{M}(\hat{\alpha}_{nt} \wedge \hat{\alpha}_{mt})}{\sum_{t=1}^{M}(\hat{\alpha}_{nt} \vee \hat{\alpha}_{mt})}$;

③ 计算传递闭包$\widehat{R}$以获得矩阵 A 中所有向量与向量 $\boldsymbol{a}=[a^{\mathrm{IV}}\,a^{\mathrm{S}}\,a^{\mathrm{ZJ}}]_{1\times(P+SP+I)}$ 的贴近度；

④ 按贴近度降序对$\widehat{R}$进行排序；

⑤ 在矩阵 A 中选择几个与$\widehat{R}$最相似的向量，并将它们在 O 中的对应最佳事件序列作为新算例的初始事件序列；

⑥ 通过调度问题求解方法调整初始事件序列，直到满足收敛条件。

（2）神经网络训练。

在神经网络中，信息通过以神经元为单位组成的相邻层传递。准确来说，神经网络的总体结构包含三个部分：输入层 a、隐藏层 H 和输出层 O。对于调度问题而言，每个输入元素都被视为一个神经元，这些输入层的神经元与 k 层隐藏层依次相连。最后一层隐藏层的神经元与输出层连接。对调度问题而言，输入层由 m 个元素（a_1，a_2，$\cdots$，a_m）组成，如式（6.4）所示；输出层包含 g^2 个元素（o_1，o_2，$\cdots$，$o_{g\times g}$），代表所有时间节点的排序概率，其中，g 是所有时间节点的总数，即 $s_{\max}\times i_{\min}$。式（6.5）对输出层进行了说明，其中 $pr_{s,i}^{(g')}$ 代表变量 $S_{s,i}^{\mathrm{D}}$ 值为 g' 的概率，然后可以很容易地从这样的概率矢量来推导时间节点排序（即所有 $S_{s,i}^{\mathrm{D}}$ 的值），遍历序列 g 并找到最大概率的时间节点顺序（$S_{s,i}^{\mathrm{D}}$）。

$$a=[a_1,\ a_2,\ \cdots,\ a_m]$$
$$=\left[\underbrace{v_1^{\mathrm{IV}},\ \cdots,\ v_p^{\mathrm{IV}},\ \cdots,\ v_{p_{\max}}^{\mathrm{IV}},\ v_1^{\mathrm{S}},\ \cdots,\ v_{(s-1)\times p_{\max}+p}^{\mathrm{S}},\ \cdots,\ v_{s_{\max}\times p_{\max}}^{\mathrm{S}}}_{m=p_{\max}+s_{\max}\times p_{\max}+i_{\max}},\ \underbrace{v_1^{\mathrm{ZJ}},\ \cdots,\ v_i^{\mathrm{ZJ}},\ \cdots,\ v_{i_{\max}}^{\mathrm{ZJ}}}\right]$$

(6.4)

$$O=[o_1,\ o_2,\ \cdots,\ o_{g\times g}]$$
$$=\left[\underbrace{pr_{1,1}^1,\ pr_{1,2}^1,\ \cdots,\ pr_{s_{\max},i_{\max}}^1,\ pr_{1,1}^2,\ pr_{1,2}^2,\ \cdots,\ pr_{s_{\max},i_{\max}}^2,\ \cdots,\ pr_{1,1}^g,\ pr_{1,2}^g,\ \cdots,\ pr_{s_{\max},i_{\max}}^g}_{g\times g=(s_{\max}\times i_{\max})\times(s_{\max}\times i_{\max})}\right]$$

(6.5)

隐藏层用来学习输入数据到输出数据之间的潜在关系。通常，相邻层的连接定义为：

$$OO_k = W_k aa_k + C_k \tag{6.6}$$

式中：W_k 代表权重；C_k 代表第 k 层的偏差；OO_k 为第 k 层神经元的输出，而 aa_k 为第 $k+1$ 层的输入参数。

在完成深度学习的结构设计之后，需要训练神经网络并优化参数 W_k 和 C_k。误差反向传播的方法被广泛应用于基于梯度优化技术的神经网络训练，但随着神经层数的增加，误差值无法向下传播，从而底层网络训练不透，即梯度弥散现象。最近，贪婪的分层方法被提出来解决这个问题。它的主要思想是通过自下而上的方式来训练神经网络，只要对前 k 层进行了训练，就可以通过其求出的潜在特征来训练前 $k+1$ 层。

此外，优化算法对于深度学习至关重要，对寻找合适的模型参数集合有很大帮助。对于损失函数(即在所有测试情况下，估计值 $\hat{S}^D_{s,i}$ 与真实值 $S^D_{s,i}$ 之间的差值)最小化问题可以表示为：

$$L(\theta) = \frac{1}{N}\sum_n L_n(\theta) = \frac{1}{N}\sum_n \sum_s \sum_i (\hat{S}^D_{s,i,n} - S^D_{s,i,n})^2 \tag{6.7}$$

式中：θ 为用来估计的参数，该参数可使 $L(\theta)$ 最小，包括每层的 W_k 和 C_k；N 为训练数据集的维度，即用于训练的历史计划数量。

随机梯度下降(SGD)是一种简单但有效的方法，可通过迭代梯度下降来最小化目标函数。尽管 SGD 已经被提出很长时间了，但它仍然是机器学习中被广泛使用的有效方法。在 SGD 中，梯度迭代的完成方式如下：

$$\theta \leftarrow \theta - \alpha \nabla L(\theta) \tag{6.8}$$

式中：α 为学习率。通过沿梯度方向的迭代，SGD 将收敛到稳定或最小化状态。

6.3.2 算法应用实例

如图 6.12 所示，本节以某条成品油管道为例，该管道由一座注入站和六座分输站组成。四种类型的油品，即柴油(P1 和 P2)和汽油(P3 和 P4)在管道中按批次输送，其油品注入顺序为 P2—P3—P4—P3—P1。附录 A 中表 A.8 给出了该条管道的详细信息，附录 A 中表 A.9 给出了注入站和每个分输站的工作流量范围，附录 A 中表 A.10 给出了注入站 IS 的注入计划，附录 A 中表 A.11 给出了每个分输站的需求计划。本节用 50 个调度计划验证数据驱动算法的优越性(每个调度计划均存在全局最优解且分输偏差为 0)。

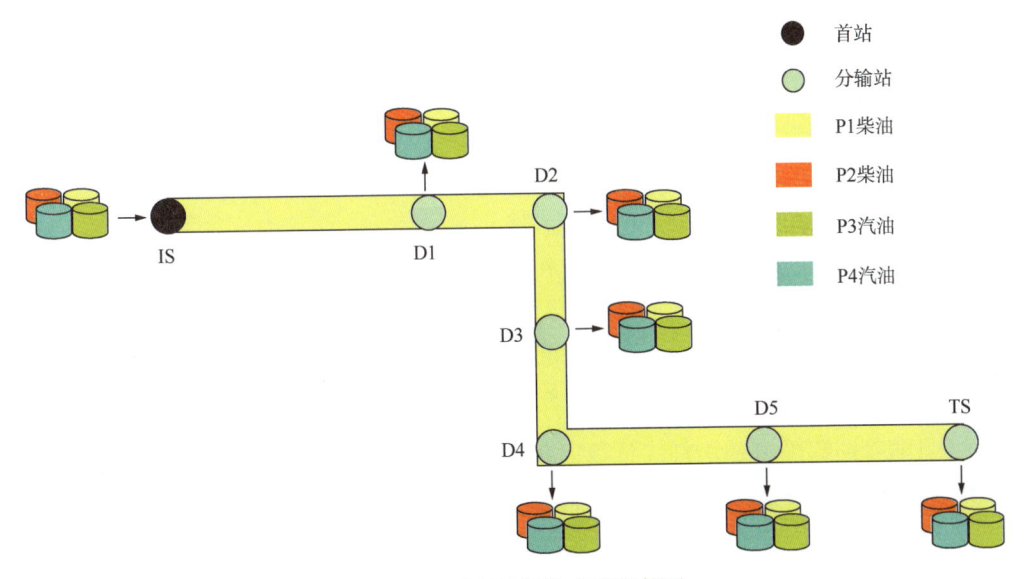

图 6.12 成品油调度应用案例图

根据历史供需量范围，随机生成大量供需计划作为冷启动数据集，作为神经网络的输入。利用数据驱动求解算法对 50 个全局解都为 0 的计划进行了测试。批次运移图如图 6.13 所示。对于这些短期计划，虽然其站场需求有所变化，但均在一定范围内波动，使得其最优时间节点顺序大致相似。因此，训练后的神经网络可以很容易地获得这些新计划的较优初始时间节点排序，从而大大加快了寻优算法的收敛过程。同时，每次计算的供需信息和最优时间节点排序将用来再次训练神经网络，以提高下一次计算的求解效率。

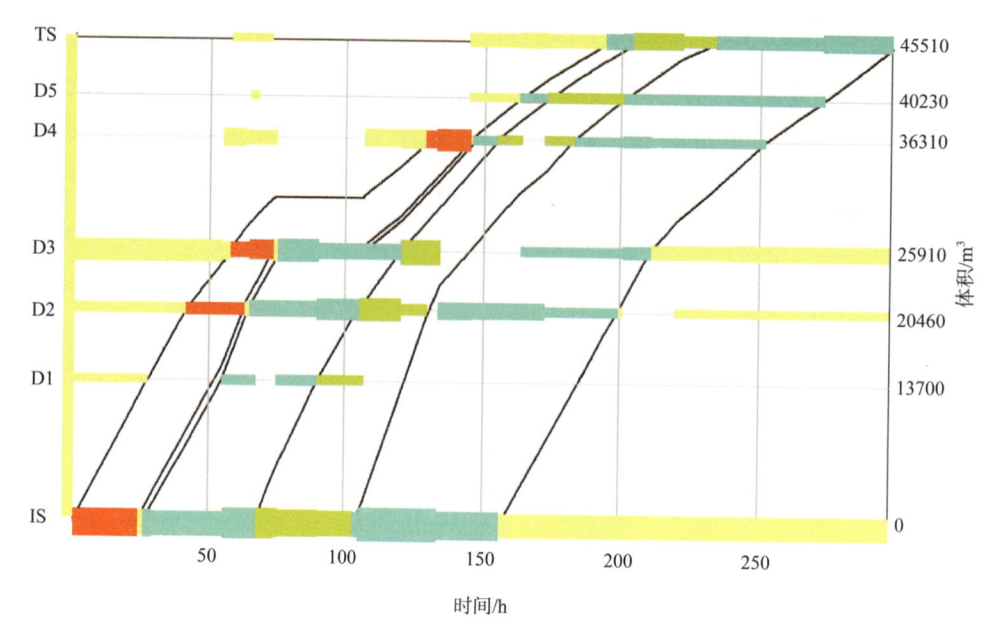

图 6.13　批次运移图(数据驱动算法求解得到)

针对训练集的数量进行了敏感性分析,结果如图 6.14 所示。测试结果见表 6.4,在训练集数量大于 500 个时,可以在几分钟内获得完全满足需求的调度计划,且随着训练规模的增加,计算时间将进一步减少。当训练集数量为 1000 个时,数据驱动求解算法的 CPU 运行时间降低到 12s,且与全局最优解的最终偏差仅为 0.3%。

表 6.4　模型求解效果对比

训练集数量/个	CPU 运行时间/s	偏差/%
500	76	0.5
700	12	0.3
900	12	0.3
1000	12	0.3

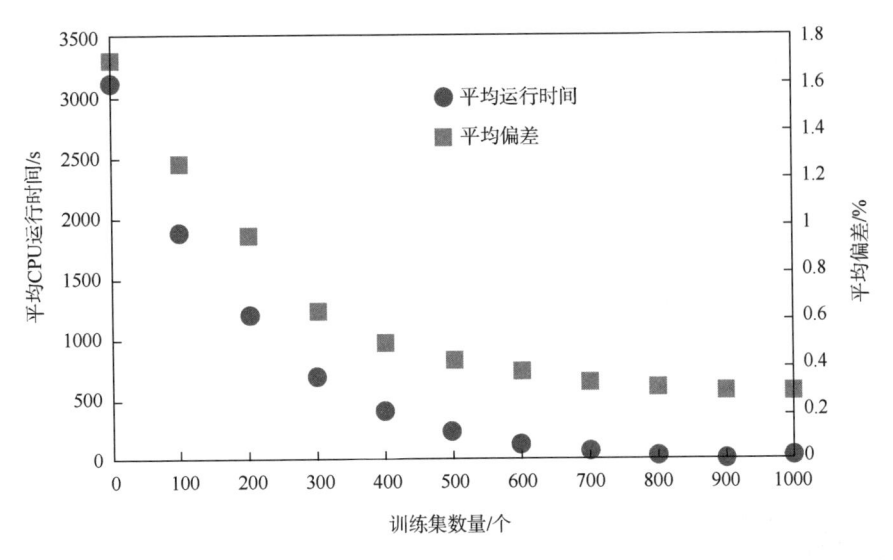

图 6.14 数据驱动算法测试结果

第 7 章 成品油管道水力优化模型和求解算法

成品油管道在运行过程中能耗费用较高,对成品油管道泵机组的运行方案进行优化可以较为显著地降低运行成本,同时提高成品油管道运行的安全性与稳定性。管道沿线压降由流体黏度、密度、管道长度、管道直径和流量等因素决定,且压力与管道流量呈非线性变化。为了保证油品在管道中正常顺序输送,需要给出各泵站内每台泵的启停方案,此方案既要考虑压力和流量的非线性耦合关系,还要保证全线压力和流量在安全输送范围内,同时保证全线运行能耗最低。本章将介绍成品油管道水力特性、水力优化模型的建立和求解等内容。

7.1 成品油管道水力特性

成品油管道多点分输/注入,频繁的分输/注入操作会导致管道流量不断发生变化。此外,随着不同物性油品在管道内向前运移,管道内油品的平均密度和黏度会发生变化,导致沿程摩阻损失发生变化,从而影响管路的特性曲线。同时,当不同种类的油品经过沿线泵站时,泵的特性曲线也将产生非常明显的变化。基于以上分析,顺序输送的成品油管道始终处于水力动态变化的过程之中。因此,为了更加精确地进行成品油管道的水力计算,需要在空间范围上对管道的长度或在时间范围上对管道的运行时长进行划分。对于前者而言,按照沿线站场、管道高低点、变径点等分隔点将整条成品油管道分成多个管段;对于后者而言,按照时间节点将管道运行方案划分为多个时间节点。

如图 7.1 所示,将整条成品油管道分成 S 管段,并将管段 $(s, s+1)$ 从整条管道中提取出来。管段 $(s, s+1)$ 的起点里程为 L_s^E、高程为 Z_s^E,终点里程为

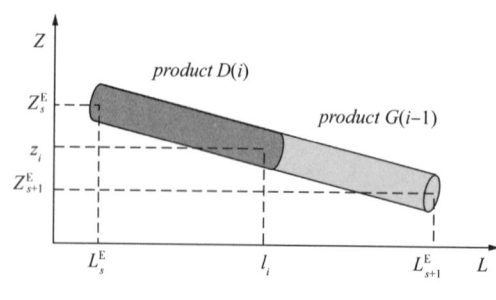

图 7.1 两种油品同时存在于成品油管段内的示意图

L_{s+1}^E、高程为Z_{s+1}^E，后行油品(批次i)与前行油品(批次$i-1$)的混油界面所处位置的里程为l_i、高程为z_i，则前行油品的长度为$L_s^A = l_i - L_s^E$，后行油品的长度为$L_s^B = L_{s+1}^E - l_i$。两种油品的摩阻损失及管段$(s, s+1)$总摩阻损失分别为：

$$P_{s,i}^{FC} = \frac{\beta\rho_i g v_i^m Q_s^{2-m} L_s^A}{D_s^{5-m}} + \rho_i g(z_i - Z_s^E) \tag{7.1}$$

$$P_{s,i-1}^{FC} = \frac{\beta\rho_{i-1} g v_{i-1}^m Q_s^{2-m} L_s^B}{D_s^{5-m}} + \rho_{i-1} g(Z_{s+1}^E - z_i) \tag{7.2}$$

$$P_s^F = P_{s,i}^{FC} + P_{s,i-1}^{FC} \tag{7.3}$$

如果t时间节点管段$(s, s+1)$内有I_{As}个不同批次，则第一个批次的压能损失为：

$$P(t)_{s,i}^{FC} = [L_{s+1}^E - l(t)_{s,1}] \frac{\beta\rho_1 g v_1^m Q(t)_s^{2-m}}{D_s^{5-m}} + [Z_{s+1}^E - z(t)_{s,1}]\rho_1 g \tag{7.4}$$

管段$(s, s+1)$内批次$i(1<i<I_{As})$的压能损失为：

$$P(t)_{s,i}^{FC} = [l(t)_{s,i-1} - l(t)_{s,i}] \frac{\beta\rho_i g v_i^m Q(t)_s^{2-m}}{D_s^{5-m}} + [z(t)_{s,i-1} - z(t)_{s,i}]\rho_i g \tag{7.5}$$

管段$(s, s+1)$内最后批次I_{As}的压能损失为：

$$P(t)_{s,I_{As}}^{FC} = [l(t)_{s,i-1} - L_s^E] \frac{\beta\rho_{I_{As}} g v_{I_{As}}^m Q(t)_s^{2-m}}{D_s^{5-m}} + [z(t)_{s,i-1} - Z_s^E]\rho_i g \tag{7.6}$$

则管段$(s, s+1)$内所有批次的总压能损失为：

$$P(t)_s^F = \sum_{i \in I_{As}} P(t)_{s,i}^{FC}$$

$$= [L_{s+1}^E - l(t)_{s,1}] \frac{\beta\rho_1 g v_1^m Q(t)_s^{2-m}}{D_s^{5-m}} + [Z_{s+1}^E - z(t)_{s,1}]\rho_1 g +$$

$$\sum_{i=2}^{I_{As}-1} [l(t)_{s,i-1} - l(t)_{s,i}] \frac{\beta\rho_i g v_i^m Q(t)_s^{2-m}}{D_s^{5-m}} + [z(t)_{s,i-1} - z(t)_{s,i}]\rho_i g +$$

$$[l(t)_{s,i-1} - L_s^E] \frac{\beta\rho_{I_{As}} g v_{I_{As}}^m Q(t)_s^{2-m}}{D_s^{5-m}} + [z(t)_{s,i-1} - Z_s^E]\rho_i g$$

$$\tag{7.7}$$

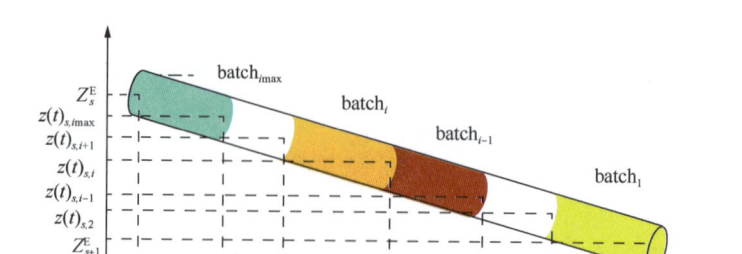

图 7.2 为多种油品同时存在于成品油管段内的示意图。

图 7.2　多种油品同时存在于成品油管段内的示意图

7.2　模型建立方法

7.2.1　模型基础

(1) 模型类型。

由于管道沿线流量与压力呈非线性关系，所建模型一般为非线性规划模型，但非线性规划模型的求解效率比较低，且难以找到全局最优解。因此，现有方法一般利用数学方式将非线性项转化为线性项，从而建立线性规划模型，并采用相应的求解算法进行求解。下面介绍将非线性项转化为线性项的方法。

由式(7.7)可以看出，当管段流量$Q(t)_s$恒定且管段内的批次界面数量与种类I_{As}不变时，管段$(s, s+1)$在t时间节点的压能损失$P(t)_s^F$只随着油品批次界面位置变化而变化。管段$(s, s+1)$内的批次界面位置可以按照如下方式计算：

$$l(t)_{s,i} = l(0)_{s,i} + \frac{\int_0^t Q(t)_s \, dt}{A_s} \quad (7.8)$$

$$z(t)_{s,i} = z(0)_{s,i} + \frac{\int_0^t Q(t)_s \varphi_s \mathrm{d}t}{A_s} \tag{7.9}$$

$l(0)_{s,i}$与$z(0)_{s,i}$是批次i与$i-1$界面的初始位置所在的里程和高程，φ_s是管段$(s, s+1)$的斜率。从上式可以看出，如果管段$(s, s+1)$的流量$Q(t)_s$是恒定的，$\frac{Q(t)_s}{A_s}$与$\frac{Q(t)_s \varphi_s}{A_s}$也会是定值。因此，管段内每个批次界面的位置会随时间呈线性变化，具体如下所示：

$$l(t)_{s,i} = \alpha_{Ls,i} t + \beta_{Lt,s} \tag{7.10}$$

$$z(t)_{s,i} = \alpha_{Zs,i} t + \beta_{Zs,i} \tag{7.11}$$

将式(7.10)和式(7.11)代入式(7.7)，得到式(7.12)：

$$P(t)_s^F = \sum_{i \in I_{As}} P(t)_{s,i}^{FC}$$

$$= [L_{s+1}^E - \alpha_{Ls,1} t - \beta_{Lt,s}] \frac{\beta \rho_1 g v_1^m Q(t)_s^{2-m}}{D_s^{5-m}} + [Z_s^E - \alpha_{Zs,1} t - \beta_{Zs,1} z] \rho_1 g +$$

$$\sum_{i=2}^{I_{As}-1} [(\alpha_{Ls,i-1} - \alpha_{Ls,i}) t] \frac{\beta \rho_i g v_i^m Q(t)_s^{2-m}}{D_s^{5-m}} + [(\alpha_{Zs,i-1} - \alpha_{Zs,i}) t +$$

$$(\beta_{Zs,i-1} - \beta_{Zs,i})] \rho_i g + [\alpha_{Ls,i-1} + \beta_{Lt,s} - L_s^E] \frac{\beta \rho_{I_{As}} g v_{I_{As}}^m Q(t)_s^{2-m}}{D_s^{5-m}} +$$

$$[\alpha_{Zs,i-1} t + \beta_{Zs,i-1} - Z_s^E] \rho_i g \tag{7.12}$$

可以发现：在时间段Δt内，如果管段流量不变且批次界面数量与种类不变，管段$(s, s+1)$的压能损失会随时间呈线性变化。

$$P(t)_s^F = \alpha_s t + \beta_s \tag{7.13}$$

基于以上结论，在构建数学模型时，以批次到站时刻和管段流量变化为时间节点划分时间窗，即可保证管段压能损失随时间线性变化。

（2）时间节点划分。

基于不同的时间表达方式，成品油管道水力优化模型可以分为离散时间表达模型与连续时间表达模型。离散时间表达模型中各个变量(管道进出站压力、泵运行方案等)与时间变量耦合关系较简单,模型建立难度较小,但求解效率较低。一般情况下,考虑到工程实际运行工况,都会建立连续时间表达模型,具体时间节点根据管段流量变化及批次界面到站时间来进行划分。随着成品油管道的里程和沿线泵站数目的增加,管道结构更为复杂,如何合理选取时间节点使模型在可接受时间范围内找到最佳启泵方案至关重要。

本节介绍一种基于混合时间表达法的线性规划模型。模型假设每个时间窗内管道的流量保持不变,并将批次计划中管段流量变化及批次界面到达站场作为时间节点将整个调度时长划分为 T 个时间窗,那么每个时间窗内的管段压能损失便会随时间线性变化。具体的时间窗划分方法如下:

当一个管道批次计划给定时,管段流量变化及批次界面到站时间节点都是已知的。因此,第一层级的时间窗划分是基于离散时间表达的。第一层级时间窗划分完成后,管段压能损失在一个时间窗内的变化分为三种情况,即升高、降低与不变。当管段压能损失不变时,泵运行方案也无须改变;但是,当管段压能损失线性增加/降低时,泵运行计划便需要从时间窗内的某一时间节点开始改变,以防止发生欠压/超压事故(图7.3)。

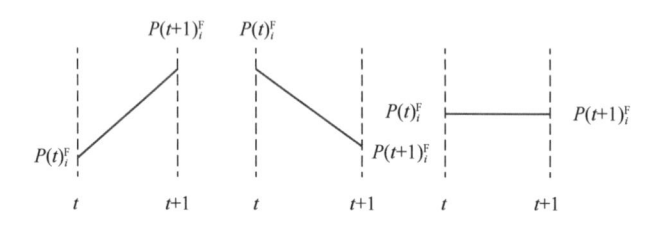

图 7.3 第一层级时间窗内管段压能损失变化三种情况图

如图7.4所示,以管段压能损失(浅线表示)线性增加为例,泵运行方案 $k=4$ 所提供压力(深线表示)在时间节点 $n-1$ 到时间节点 n 内可以满足要求,但在 n 到 $n+1$ 时间节点不能满足要求,须将泵运行方案切换到 $k=5$ 从而防止欠压。因此,时间节点 n 便是泵运行方案变化的时间节点,需要通过模型求解得出。第一层级时间窗 t 被划分为多个小时间窗,每个小时间窗内的泵运行方案相同。为了与上述所划分的时间窗进行区别,这里将其称为"第二层级时间窗"。第二层级时间窗的数量与长度可通过采用基于连续时间表达方法的模型求解得出。

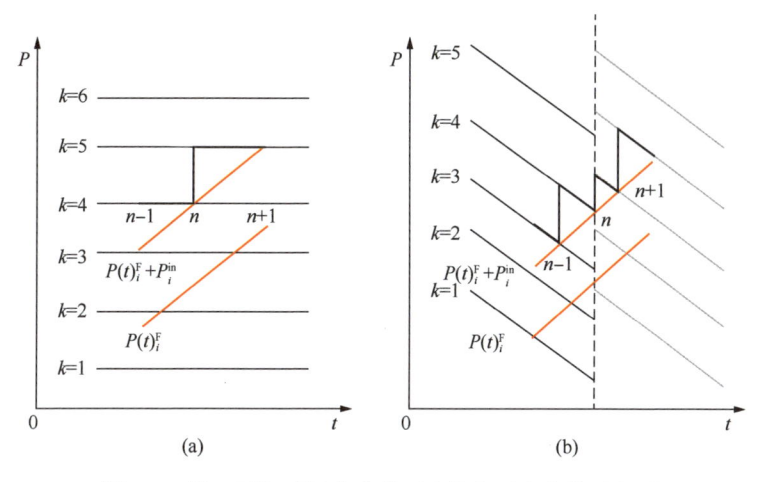

图 7.4　第一层级时间窗内前两个管段压力变化示意图

如图 7.5 所示，在本模型中，第一层级的离散时间窗与第二层级的连续时间窗构成了混合时间表达法，第一层级时间窗内管段压能损失随时间呈线性变化，第二层级内每个时间窗的泵运行方案不变。它相较于单纯的离散时间与连续时间表达法更加灵活，便于时间连续性条件下成品油管道水力优化模型的建立。

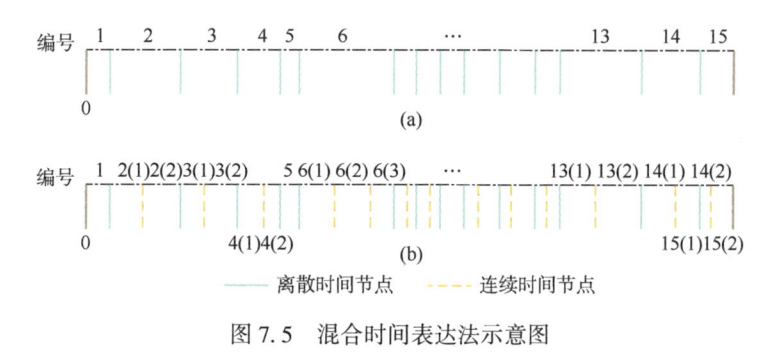

图 7.5　混合时间表达法示意图

下面两个小节将对两种时间表达模型的建立方式进行介绍：离散时间模型只采用第一层级时间窗进行构建，即各个时间节点为已知参数；混合时间模型采用两层级时间窗进行构建，即第一层时间节点为已知参数，第二层级时间节点为连续变量。

7.2.2 离散时间模型

（1）目标函数。

离散时间表达模型中，各个时间节点 τ_t^L 为已知参数。成品油管道水力优化模型的目标是制定出总运行费用最低的泵运行方案。运行费用与泵的扬程、功率、过泵流量、油品密度、运行时长及电价均有关系，具体可表示为如下形式。

$$\min f_1 = \sum_t \sum_s \sum_k \frac{C^E B_{t,s,k}^{SP} H_{t,s,k} \rho_{t,s} g Q_{t,s}}{\eta_{t,s,k}} (\tau_{t+1}^L - \tau_t^L) \quad (7.14)$$

式中：C^E 为电价；二元变量 $B_{t,s,k}^{SP}$ 表示泵站 s 的输油泵 k 在时间窗 t 下的开启状态，若开启，则 $B_{t,s,k}^{SP}=1$，否则，$B_{t,s,k}^{SP}=0$。这里，τ_t^L 代表时间节点，为已知参数。

以上目标函数仅考虑了泵运行费用，忽略了频繁启停泵所带来的额外成本。但是，在工程实际中，泵的频繁启停一方面会给泵的安全运行带来隐患，另一方面泵每次启停均需要现场操作人员前去检测操作，带来较高的人力、物力成本。因此，可在目标函数中增加启停泵的成本以减少启停泵的次数，确保泵站的每台泵持续、平稳运行。目标函数如下：

$$\min f = f_1 + f_2 \quad (7.15)$$

泵的启停费用 f_2 为各个泵站每台泵启停一次的人工成本乘以该泵在整个研究时长内的总启停次数，可以表示为式（7.16）。

$$f_2 = C^F \sum_t \sum_s \sum_k B_{t,s,k}^{CP} \quad (7.16)$$

式中：C^F 为单次启停泵费用系数；二元变量 $B_{t,s,k}^{CP}$ 表示时间窗 t 下泵站 s 的输油泵 k 的启停状态与前一个时间窗是否相同，若泵启停状态有所改变，则 $B_{t,s,k}^{CP}=1$，否则，$B_{t,s,k}^{CP}=0$。

(2) 约束条件。

① 泵特性约束。

成品油管道运行时，管道注入流量范围可由输油泵的工作流量范围确定，还会受到流量计量程和精度的影响。在同一站场内，如果采用不同的输油泵进行注入，或采用不同量程的流量计进行计量，则可能导致不同油品的注入流量约束范围不同。因此，过泵流量需要满足泵流量上、下限，可表示为如下形式：

$$B_{t,s,k}^{\mathrm{SP}} Q_{s,k}^{\mathrm{Pmin}} \leqslant Q_{t,s} \qquad t \in T, \ s \in S, \ k \in k_s \tag{7.17}$$

$$B_{t,s,k}^{\mathrm{SP}} Q_{s,k}^{\mathrm{Pmax}} \geqslant Q_{t,s} \qquad t \in T, \ s \in S, \ k \in k_s \tag{7.18}$$

对于定转速泵，可以由厂家给的扬程、效率与流量数据，采用最小二乘法回归出泵的特性方程，可近似表示为如下形式：

$$H_{t,s,k} = a_{s,k} - b_{s,k} Q_{t,s}^{2-m} \tag{7.19}$$

$$\eta_{t,s,k} = c_{s,k} Q_{t,s}^2 + d_{s,k} Q_{t,s} + e_{s,k} \tag{7.20}$$

② 压力约束。

各站场提供的压力为该站场内各泵提供的压力之和，表示为式(7.21)：

$$P_{t,s}^{\mathrm{H}} = \sum_{k \in K_s} B_{t,s,k}^{\mathrm{SP}} \rho_{t,s} g H_{t,s,k} \qquad t \in T, \ s \in S \tag{7.21}$$

不考虑局部摩阻损失，各站场进站压力等于上一个站场的出站压力减去管段的压能损失，出站压力等于进站压力加上此站提供的压力。

$$P_{t,s+1}^{\mathrm{IN}} = P_{t,s}^{\mathrm{OUT}} - P_{t,s}^{\mathrm{F}} \qquad t \in T, \ s < s^{\max} \tag{7.22}$$

$$P_{t,s}^{\mathrm{OUT}} = P_{t,s}^{\mathrm{IN}} + P_{t,s}^{\mathrm{H}} \qquad t \in T, \ s < s^{\max} \tag{7.23}$$

根据式(7.12)可知，管段的压能损失会随着沿线油品种类、管道直径和流量发生变化，为了降低模型的建立和求解难度，需要将压能损失由非线性项转化为线性项：

$$P_{t,s}^{\mathrm{F}} = \alpha_{t,s} (\tau_{t+1}^{\mathrm{L}} - \tau_t^{\mathrm{L}}) + \beta_{t,s} \qquad t \in T, \ s \in S \tag{7.24}$$

为了保证各个站场的压力在允许的安全范围内，各个站场的进站压力应小于站场最大允许进站压力，大于最小允许进站压力。当 $B_{t,s,k}^{\mathrm{SP}} = 1$ 时，即泵站

s 的输油泵 k 在时间窗 t 内是开启的，站场的进站压力大于泵站的最小进站压力，反之，当 $B_{t,s,k}^{SP}=0$ 时，即泵站 s 的输油泵 k 在时间窗 t 内是关闭的，站场的进站压力大于站场的最小进口压力。

任何时间节点站场都应满足压力控制下的基本要求，即进站不欠压[式(7.25)]，出站不超压[式(7.26)]。此处，进站压力下限分为两种情况，若无泵开启，进站压力需要大于 P_s^{JZmin}；若有泵开启，进站压力需要大于 P_s^{JPmin}，该值取决于泵的汽蚀余量。

$$P_s^{JPmin} B_{t,s,k}^{SP} + P_s^{JZmin}(1-B_{t,s,k}^{SP}) \leqslant P_{t,s}^{IN} \quad t \in T, s \in S, k \in k_s \quad (7.25)$$

$$P_{t,s}^{OUT} \leqslant P_s^{CZmax} \quad t \in T, s \in S \quad (7.26)$$

③ 泵启停时长限制约束。

为了保障泵的安全、平稳、持续运行及操作便利性，引入下列约束[式(7.27)至式(7.29)]限制泵操作的间隔时间，以避免频繁启停泵。采用二元变量 $B_{t,s,k}^{CP}$ 表示输油泵启停的切换操作，若同一台输油泵在前后两个时间窗内启停状态相同（$B_{t,s,k}^{SP}=B_{t-1,s,k}^{SP}$），则没有进行切泵操作（$B_{t,s,k}^{CP}=0$）；反之，则进行了一次切泵操作（$B_{t,s,k}^{CP}=1$）。

$$B_{t,s,k}^{CP} \geqslant B_{t,s,k}^{SP} - B_{t-1,s,k}^{SP} \quad 1<t<t^{max}, s \in S, k \in k_s \quad (7.27)$$

$$B_{t,s,k}^{CP} \geqslant B_{t-1,s,k}^{SP} - B_{t,s,k}^{SP} \quad 1<t<t^{max}, s \in S, k \in k_s \quad (7.28)$$

当时间窗 t 和 t' 都发生切换时，存在最小时间间隔限制 $T_{s,k}^S$。

$$\tau_{t'}^L - \tau_t^L \geqslant (B_{t,s,k}^{CP} + B_{t',s,k}^{CP} - 1) T_{s,k}^S \quad t<t'<t^{max}, s \in S, k \in k_s \quad (7.29)$$

7.2.3 混合时间模型

(1) 目标函数。

混合时间表达模型中，各个时间节点 $\tau_{t,n}^L$ 为连续变量。成品油管道水力优化模型的目标是制定出总运行费用最低的泵运行方案，具体可表示为如下形式。

$$\min f_1 = \sum_t \sum_n \sum_s \sum_k \frac{C^{\mathrm{E}} B^{\mathrm{SP}}_{t,n,s,k} H_{t,s,k} \rho_{t,s} g Q_{t,s}}{\eta_{t,s,k}} (\tau^{\mathrm{L}}_{t,n+1} - \tau^{\mathrm{L}}_{t,n})$$

(7.30)

式中：二元变量 $B^{\mathrm{SP}}_{t,n,s,k}$ 表示泵站 s 的输油泵 k 在第一层级时间窗 t 下第二层级时间窗 n 内的开启状态，若开启，则 $B^{\mathrm{SP}}_{t,n,s,k}=1$，否则，$B^{\mathrm{SP}}_{t,n,s,k}=0$；连续变量 $\tau^{\mathrm{L}}_{t,n}$ 代表时间节点，因此为非线性模型。

如前文所述，非线性规划模型的求解效率比较低，且难以找到全局最优解。基于此，考虑通过引入数学约束的方式将非线性模型转化为线性模型，具体转化方式如下，可以发现，当 $B^{\mathrm{SP}}_{t,n,s,k}=1$ 时，$W_{t,n,s,k} = \frac{H_{t,s,k} \rho_{t,s} g Q_{t,s}}{\eta_{t,s,k}}$，当 $B^{\mathrm{SP}}_{t,n,s,k}=0$ 时，$W_{t,n,s,k}=0$。

$$W_{t,n,s,k} = \frac{B^{\mathrm{SP}}_{t,n,s,k} H_{t,s,k} \rho_{t,s} g Q_{t,s}}{\eta_{t,s,k}} (\tau^{\mathrm{L}}_{t,n+1} - \tau^{\mathrm{L}}_{t,n}) \quad t \in T, \ n \in N_t, \ s \in S, \ k \in K_s$$

(7.31)

$$-B^{\mathrm{SP}}_{t,n,s,k} M \leqslant W_{t,n,s,k} \leqslant B^{\mathrm{SP}}_{t,n,s,k} M \quad t \in T, \ n \in N_t, \ s \in S, \ k \in K_s \quad (7.32)$$

$$(B^{\mathrm{SP}}_{t,n,s,k}-1)M + \frac{H_{t,s,k}\rho_{t,s}gQ_{t,s}}{\eta_{t,s,k}}(\tau^{\mathrm{L}}_{t,n+1}-\tau^{\mathrm{L}}_{t,n}) \leqslant W_{t,n,s,k} \leqslant (1-B^{\mathrm{SP}}_{t,n,s,k})M + \frac{H_{t,s,k}\rho_{t,s}gQ_{t,s}}{\eta_{t,s,k}}$$

$$(\tau^{\mathrm{L}}_{t,n+1}-\tau^{\mathrm{L}}_{t,n}) \, t \in T, \ n \in N_t, \ s \in S, \ k \in K_s \quad (7.33)$$

相应地，原目标函数 f_1 转化为以下形式：

$$f_1 = \sum_t \sum_n \sum_s \sum_k W_{t,n,s,k} C^{\mathrm{E}} \quad (7.34)$$

考虑频繁启停泵所带来的额外成本，目标函数如下：

$$\min f = f_1 + f_2 \quad (7.35)$$

$$f_2 = C^{\mathrm{F}} \sum_t \sum_n \sum_s \sum_k B^{\mathrm{CP}}_{t,n,s,k} \quad (7.36)$$

式中：C^{F} 为单次启停泵费用系数；二元变量 $B^{\mathrm{CP}}_{t,n,s,k}$ 为第一层级时间窗 t 下第二层级时间窗 n 内泵站 s 的输油泵 k 的启停状态与前一个时间窗是否相同，若泵启停状态有所改变，则 $B^{\mathrm{CP}}_{t,n,s,k}=1$，否则，$B^{\mathrm{CP}}_{t,n,s,k}=0$。

(2) 约束条件。

① 时间节点约束。

当采用两层级时间窗法建立水力优化模型时，需要确保第一层级与第二层级时间窗的正确隶属关系：第一层级时间窗 t 内，第一个第二层级开始时间同该第一层级时间窗的开始时间[式(7.37)]，对应图 7.5 蓝色实线。需要注意第一个第一层级时间窗的第一个第二层级开始时间为 0[式(7.38)]。

$$\tau_{t,1}^{L} = \tau_{t}^{P} \tag{7.37}$$

$$\tau_{1,1}^{L} = 0 \tag{7.38}$$

第一层级时间窗 t 的时长等于其中每一个第二层级时间窗的时长之和。对于每个第二层级时间节点对应的时间取值一定大于等于前一第二层级时间节点。

$$\tau_{t,n_t^{max}}^{L} - \tau_{t,1}^{L} = \tau_{t+1}^{P} - \tau_{t}^{P} \qquad t \in T, \ n \in N_t \tag{7.39}$$

$$\tau_{t,n}^{L} < \tau_{t,n+1}^{L} \qquad t \in T, \ n < n_t^{max} \tag{7.40}$$

② 泵特性约束。

过泵流量需要满足泵流量上、下限，可表示为如下形式：

$$B_{t,n,s,k}^{SP} Q_{s,k}^{Pmin} \leq Q_{t,n,s} \qquad t < t^{max}, \ n < n_t^{max}, \ s \in S, \ k \in k_s \tag{7.41}$$

$$B_{t,n,s,k}^{SP} Q_{s,k}^{Pmax} \geq Q_{t,n,s} \qquad t < t^{max}, \ n < n_t^{max}, \ s \in S, \ k \in k_s \tag{7.42}$$

$$H_{t,n,s,k} = a_{s,k} - b_{s,k} Q_{t,n,s}^{2-m} \qquad t < t^{max}, \ n < n_t^{max}, \ s \in S, \ k \in k_s \tag{7.43}$$

$$\eta_{t,n,s,k} = c_{s,k} Q_{t,n,s}^{2} + d_{s,k} Q_{t,n,s} + e_{s,k} \qquad t < t^{max}, \ n < n_t^{max}, \ s \in S, \ k \in k_s \tag{7.44}$$

③ 压力约束。

各站场提供的压力为该站场内各泵提供的压力之和，表示为式(7.45)：

$$P_{t,n,s}^{H} = \sum_{k \in K_s} B_{t,n,s,k}^{SP} \rho_{t,s} g H_{t,s,k} \qquad t < t^{max}, \ n < n_t^{max}, \ s \in S \tag{7.45}$$

各站场进站压力等于上一个站场的出站压力减去管段的压能损失，出站压力等于进站压力加上此站提供的压力。

$$P_{t,n,s+1}^{IN} = P_{t,n,s}^{OUT} - P_{t,n,s}^{F} \qquad t \in T, \ n \in N_t, \ s < s^{max} \tag{7.46}$$

$$P_{t,n,s}^{OUT} = P_{t,n,s}^{IN} + P_{t,n,s}^{H} \qquad t \in T, \ n \in N_t, \ s < s^{max} \tag{7.47}$$

$$P_{Ft,n,s} = \alpha_{t,n,s}(\tau_{Lt,n+1} - \tau_{Lt,n}) + \beta_{t,n,s} \qquad t<t^{\max},\ n<n_t^{\max},\ s\in S \qquad (7.48)$$

同样，任何时间节点站场都应满足压力控制下的基本要求，即进站不欠压[式(7.49)]，出站不超压[式(7.50)]。此处，进站压力下限分为两种情况，若无泵开启，进站压力需要大于P_s^{JZmin}；若有泵开启，进站压力需要大于P_s^{JPmin}，该值取决于泵的汽蚀余量。

$$P_s^{\text{JPmin}} B_{t,n,s,k}^{\text{SP}} + P_s^{\text{JZmin}}(1 - B_{t,n,s,k}^{\text{SP}}) \leqslant P_{t,n,s}^{\text{IN}} \qquad t\in T,\ n\in N_t,\ s\in S,\ k\in k_s$$
$$(7.49)$$

$$P_{t,n,s}^{\text{OUT}} \leqslant P_s^{\text{CZmax}} \qquad t\in T,\ n\in N_t,\ s\in S \qquad (7.50)$$

④ 泵启停时长限制约束。

为了保障泵的安全、平稳、持续运行及操作便利性，引入下列约束[式(7.51)至式(7.53)]限制相邻切泵操作的间隔时间，以避免频繁启停泵。

$$B_{t,n,s,k}^{\text{CP}} \geqslant B_{t,n,s,k}^{\text{SP}} - B_{t,n-1,s,k}^{\text{SP}} \qquad t\in T,\ n>1,\ s\in S,\ k\in k_s \qquad (7.51)$$

$$B_{t,n,s,k}^{\text{CP}} \geqslant B_{t,n-1,s,k}^{\text{SP}} - B_{t,n,s,k}^{\text{SP}} \qquad t\in T,\ n>1,\ s\in S,\ k\in k_s \qquad (7.52)$$

当时间窗t和t'都发生切换时，存在最小时间间隔限制$T_{s,k}^{\text{S}}$。

$$\tau_{t',n}^{\text{L}} - \tau_{t,n}^{\text{L}} \geqslant (B_{t,n,s,k}^{\text{CP}} + B_{t',n,s,k}^{\text{CP}} - 1) T_{s,k}^{\text{S}} \qquad t'>t,\ n\in N_t,\ s\in S,\ k\in k_s \qquad (7.53)$$

7.3 模型求解方法

适用于成品油管道水力优化模型的求解算法众多，包括数学规划法（动态规划算法、分支定界算法）、人工智能算法（遗传算法、蚁群算法）及启发式算法等。一般而言，将泵特性曲线中的非线性因素转化为线性，因此模型为 MILP 模型，适用于该模型的求解算法众多。当采用离散时间表达模型时，动态规划算法、人工智能算法（遗传算法、蚁群算法）及启发式算法等方法求解效率较高；当采用离散-连续混合时间表达模型时，一般采用分支定界算法进行求解。本小节将对所有算法进行详细介绍。

7.3.1 动态规划算法

动态规划算法适用于离散时间表达的 MILP 模型，即每个离散时间窗需要根据已知的管段流量、油品种类等参数进行一次完整求解，时间窗之间相互独立，整个模型需要运用动态规划算法求解 T 次。每次求解之前，需要通过对各批次混油界面的跟踪确定该时间节点混油界面在管道中的具体位置，不同油品段采用相应的油品参数，然后根据管道设计参数及管段流量等运行参数，采用相关计算公式得出管道在该时间窗内运行时的水力工况，并基于水力工况优化泵机组的运行方案。动态规划算法基本变量与方程按照如下方式确定。

(1) 阶段变量。

油品从首站入口到第 s 泵站出口为第 s 阶段，将全线的泵站分割成若干个相互联系的阶段。

(2) 状态变量。

状态变量表示每个阶段管道的运行状况，将油品到达第 s 泵站出口时前面所需要泵提供的压力总和(包括第 s 泵站)作为第 s 阶段的状态变量 $S_{t,s}$，$S_{t,s}$ 满足状态变量重要性质中的无后效性，即某一阶段的开泵方案只能通过当前的状态确定未来的开泵方案，当前的状态是以往开泵方案的一个总结。

$$S_{t,s} = \sum_{s' \leqslant s} P_{t,s'}^{\mathrm{H}} \tag{7.54}$$

(3) 决策变量。

由于不考虑管道运行时电费随时间的变化，从第 $s-1$ 站场出站到第 s 站场出站，即从第 $s-1$ 阶段某一状态 $S_{t,s-1}$ 到第 s 阶段某一状态 $S_{t,s}$ 只与第 s 站场消耗的功率即第 s 站场提供的压力相关，所以将第 s 站场提供的实际压力 $P_{t,s}^{\mathrm{H}}$ 作为决策变量。

(4) 状态转移方程。

$$S_{t,s} = S_{t,s-1} + P_{t,s}^{\mathrm{H}} \tag{7.55}$$

(5) 递推方程。

$$f_{1\ t,s}(S_{t,s}) = \min\{f_{1\ t,s-1}(S_{t,s-1}) + f_{1\ t,s}(P_{t,s}^{H})\} \tag{7.56}$$

动态规划算法求解成品油管道水力优化模型的流程如下：

(1) 根据管道初始状态，通过计算体积坐标确定各个时间节点批次界面的具体位置。根据管道的基本运行参数，判断其流态，从而算出相应的水力坡降。将相关数据代入计算公式得出管道在各个阶段运行时的水力工况。

(2) 按照油品流动方向，从首站入口至各泵站出口的过程划分阶段，从首站入口至第 s 站出口为第 s 阶段，获取每一个阶段的决策变量 $P_{t,s}^{H}$，从而计算得出每一阶段的状态变量 $S_{t,s}$。

(3) 由每一阶段的状态变量 $S_{t,s}$ 得到该阶段能耗 $f_{1t,s}(S_{t,s})$，剔除不满足约束条件的状态变量，最后计算到第 $s^{\max}$ 阶段，得到最优运行成本 $\min f_1$，以第 $s^{\max}$ 阶段的最小费用为起点，逆推确定出每个泵站的最优泵运行方案。

7.3.2 元启发式算法

元启发式算法同样适用于求解基于离散时间表达的 MILP 模型。在整个调度周期内，应根据模型离散时间窗数量采用模拟退火遗传算法(Simulated Annealing-Genetic Algorithm, SAGA)进行 T 次求解，时间窗之间相互独立。具体求解方法与动态规划算法相同。

SAGA 将模拟固体退火的思想加入标准遗传算法(Standard Genetic Algorithm, SGA)的逐代进化过程当中[34]，即父代完成选择、交叉、变异等遗传操作后产生子代，之后按照模拟退火算法(Simulated Annealing Algorithm, SAA)的基本思想对该子代附近进行局部搜索，产生最终子代并继续按照 SGA 流程进行全局搜索。采用 SAGA 求解较大规模成品油管道泵运行方案优化模型，能够结合 SGA 的高度并行特性、良好全局搜索能力与 SAA 具有的良好局部搜索能力的优点[43]提高所求得方案的经济性。

（1）方程确定。

① 适应度函数确定。

适应度函数是种群个体优劣程度评价的唯一标准，确定合适的适应度函数至关重要，将直接影响算法收敛速度及所求得最终结果的实用性。根据SGA的特性，适应度函数要求为单值、连续、非负、最大化函数。而成品油管道泵运行方案优化研究以输油泵耗电最低和泵启停费用最少为目标函数，需要进行一定转化才能满足算法对适应度函数的要求。此外，若进化过程中泵运行方案优化问题的某个解不满足数学模型中的某个约束条件时，需要加入惩罚因子，使该方案的适应度变低[35]从而逐渐被淘汰。适应度函数 Y 的具体表达式如下：

$$Y = c - F - \sum_{n-1}^{N} \alpha_n B_n \qquad (7.57)$$

式中：α_n 为某个解不满足第 n 个约束条件的惩罚因子；B_n 为某个解是否满足第 n 个约束条件的二元变量，若不满足，$B_n = 1$，反之，$B_n = 0$；c 为常数，具体求解可设定不同值以确保适应度函数 Y 为正值；F 为成品油管道全线泵站总能耗成本。

② 编码方式确定。

编码方式有二进制编码、实数编码及字符编码等，其中二进制编码是最常用的编码方法，对于成品油管道泵运行方案优化问题来说，二进制编码也具有良好的匹配性。泵机组运行状态与算法编码对应关系如下：若某台泵处于运行状态，对应编码为"1"；若处于停运状态，对应编码为"0"。之后将管道沿线各泵站每台输油泵所对应编码顺序排列，得到一串二进制编码即为算法中的一个个体，代表一套管道全线的泵运行方案，具有直观、易行的特点，便于进行后续的优化求解。

③ 选择算子。

选择算子为从父代中选择适应度较高的个体产生下一代，主要有轮盘赌法、随机遍历抽样法及局部选择法等。采用应用最广的轮盘赌法，按比例选出适应度较高，即经济性较好的泵运行方案组合进入子代中。

④ 交叉算子。

交叉算子为将两个父代的基因结构按照一定方式进行替换重组,在SGA中起到核心作用。采用单点交叉方式,即在二进制编码串中设定一个交叉点,进行交叉操作时,两个泵运行方案以交叉点为界,将前或后的部分编码串进行交换,产生新方案。

⑤ 变异算子。

变异算子为父代方案的某些基因按照一定概率产生变动产生子代。采用均匀变异方式,即二进制编码串的每位基因都有一定的概率进行变异。

⑥ 最优保存策略。

每代种群中按照一定比例保留部分适应度较高的精英个体,即经济性较高的泵运行方案不进行遗传与模拟退火操作,直接进入下一代种群之中。

(2)求解步骤。

采用SAGA求解成品油管道泵运行方案计算流程(图7.6)如下:

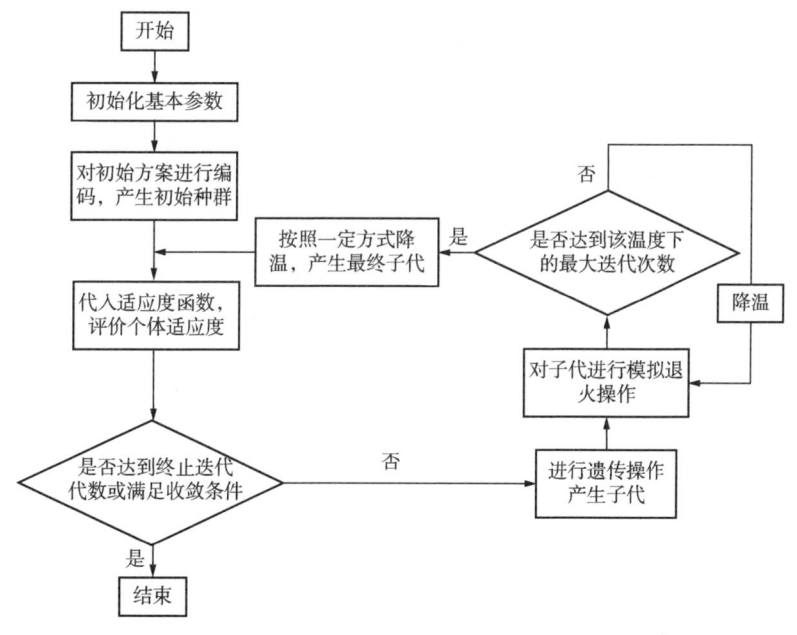

图 7.6 SAGA求解成品油管道泵运行方案优化模型程序框图

① 设定SGA群体大小、终止进化代数K、交叉概率、变异概率等,初始

化 SGA 迭代次数 $k=1$；给定 SAA 初始温度 T_{start}、终止温度 T_{end}、最大迭代次数 N 等。

② 对随机产生的一系列初始泵运行方案进行二进制编码，产生 SGA 中的初始种群。

③ 将第 k 代种群中的每种泵运行方案代入适应度函数进行评价。

④ 进行选择、交叉、变异等遗传操作产生子代第 $k+1$ 代种群，$k=k+1$。

⑤ 针对第 k 代种群进行模拟退火操作，具体流程如下：a. 初始化 SAA 迭代次数 $n=1$、初始温度 $T_n=T_{start}$。b. 按照邻域函数在已有可行方案 P_k 的附近产生新方案 $P_{k'}$，分别计算原有方案 P_k 与新方案 $P_{k'}$ 的适应度 $f(P_k)$ 与 $f(P_{k'})$，定义 $\Delta f=f(P_{k'})-f(P_k)$；若 $\Delta f<0$，则接受此新方案，否则在 0~1 内随机生成一个值，若此值小于 $\exp(-\Delta f/T_k)$ 则接受此方案，反之保留原方案。c. 若迭代次数没有达到设定最大迭代次数 N 或者满足终止条件 $T_n=T_{end}$，令 $n=n+1$，按照一定方式降低温度 $T_n=f_1(T_{n-1})$，重复步骤 b；若满足终止条件，输出最优解，结束计算。

⑥ 判断是否达到终止进化代数 K 或得到最优泵运行方案，若是则计算结束，否则重复步骤③~⑤。

7.3.3 混合求解策略

本节采用动态规划算法与蚁群算法两种算法相结合的方式在已知输油计划的基础上求解基于离散时间表达的 MILP 模型。动态规划算法适用领域广、结果准确，特别是对于采用离散变量的数学模型，求解成品油管道最优泵运行方案比较有效、实用。但当管线过长、泵站较多及选取时步较短时会出现模型规模较大的情形，此时采用动态规划算法易导致"维数灾难"、求解效率低。蚁群算法收敛性较好、有较强的全局搜索能力，是一种正反馈和自组织的算法。针对两种算法的以上特点，在泵站数目较多、调度周期较长的大型成品油管道泵运行方案优化问题研究当中，工况变化较大的关键时间点采用动态规划算法求解，工况变化不大的时间点依靠前一时间节点泵运行方案作为初始解采用蚁群算法求解，可以在泵站较多的条件下提高搜索速度并确定此时间节点较优的泵运行方案。因此，采用两种算法的混合求解方式可以提高大型成品油管道泵运行优化模型的求解效率，并且保证方案的经济性。

（1）动态规划算法求解。

输油计划关键时间点的最优泵运行方案采用动态规划算法确定，因为输油计划关键时间点的工况变化大，一般由注入、分输操作开始或结束、流量变化、切换油品等操作引起。此类时间节点的泵运行方案与上一时间节点相比变化较大，采用动态规划算法求解更加准确，并且由于整个调度周期内此类时间节点数量较少，并不会出现"维数灾难"的问题。动态规划算法求解具体流程见本章 7.3.1 节。

（2）蚁群算法求解。

输油计划非关键时间点的最优泵运行方案利用蚁群算法求解，由于此类时间节点数量众多，并且相邻时间节点泵运行方案变化一般相对较小，若采用动态规划算法求解，求解时间会成倍增长。采用蚁群算法求解时，以上一时间节点的泵运行方案作为此时间节点求解的初始解，初始解与最优解的距离相对较小，能够较快收敛找到最优解，计算效率高并且结果准确。

① 目标函数。

将蚁群算法应用于成品油管道泵运行方案优化当中，目标函数的选取至关重要，直接决定找到最优解的速度及蚂蚁各个时间节点所处位置的优劣程度等。本节的成品油管道泵运行方案优化研究以能耗最低为目标函数，为满足蚁群算法目标函数最大化的特点，需要将模型的目标函数转化为极大值函数：

$$Y = c - F + (B-1)M \tag{7.58}$$

式中：Y 为所转化的目标函数；M 为极大值；B 为末站进站压力二元变量，若末站进站压力大于零，即全线各泵站提供的能量大于沿程摩阻损失，则 $B=1$，若末站进站压力小于零，即全线各泵站提供的能量小于沿程摩阻损失，则 $B=0$；c 为常数，具体求解可设定不同值以确保 $B=1$ 时，目标函数 Y 为正值。

② 问题转化。

将成品油管道上的 S 个泵站设为 N 维空间，每个泵站内输油泵所能组合的泵运行方案总数 N_{ps} 为第 n 维的长度，N 维空间内每一个位置即表示成品油管道的一种泵运行方案，将每一个位置的数据代入目标函数，求得结果作为蚁群算法的食物浓度值对每个位置进行判断。因此，将成品油管道泵运行方案优化问题转化为利用蚁群算法寻找最优位置。

将成品油管道沿线 N 个泵站的泵运行方案设为 N 维空间，每个泵站内输油泵所能组合的泵运行方案总数 N_{ps} 为第 n 维的长度，N 维空间内每一个位置即表示成品油管道的一种泵运行方案，将每一个位置的数据代入目标函数，求得结果作为蚁群算法的食物浓度值对每个位置进行判断。因此，将成品油管道泵运行方案优化问题转化为利用蚁群算法寻找最优位置。

③ 求解步骤。

a. 确定蚂蚁数量 m、移动次数 T、食物浓度挥发常数 Rou 及搜索上下限等基础参数，并设置蚂蚁的初始位置，即上一时间节点泵运行方案在 N 维空间中对应的位置，求出此位置的食物浓度值。

b. 蚂蚁根据状态转移概率方程选择要转移的位置，已经走过的位置禁止再次访问，以避免对已经探索过的泵运行方案再次探索。

$$Pr_{xy}^{k}(t) = \frac{\tau_{xy}(t)^{\alpha}\eta_{xy}(t)^{\beta}}{\sum_{g \in u_k}\tau_{xy}(t)^{\alpha}\eta_{xy}(t)^{\beta}}, \ y \in u_k \tag{7.59}$$

$$Pr_{xy}^{k}(t) = 0, \ y \notin u_k \tag{7.60}$$

式中：$Pr_{xy}^{k}(t)$ 为蚂蚁 k 在 t 时间节点由位置 x 转移到位置 y 的概率，x、y 均为成品油管道的一种泵运行方案；$\tau_{xy}(t)$ 为 t 时间节点由位置 x 转移到位置 y 的食物浓度值；$\eta_{xy}(t)$ 为 t 时间节点由位置 x 转移到位置 y 的启发式因子，与目标函数 F 呈正相关；u_k 为蚂蚁 k 允许访问位置的集合。

c. 所有蚂蚁完成一次移动之后，更新各位置的食物浓度值，包含食物浓度的挥发及走过的蚂蚁食物浓度的释放。

$$\tau_{xy}(t) = (1 - Rou)\tau_{xy}(t-1) + \sum_{k}\Delta\tau_{xy}^{k} \tag{7.61}$$

式中：$\Delta \tau_{xy}^k$ 为第 k 只蚂蚁在本次迭代中从位置 x 转移到位置 y 释放的食物浓度；Rou 为食物浓度挥发系数。

d. 所有移动完成后，食物浓度值最高的位置为最优解，即该时间节点的最优泵运行方案。

本节提出的成品油管道泵运行方案优化过程较好地利用了两种算法的优点且避免了缺点，提高了大型成品油管道泵运行方案优化模型的求解效率且减少了计算时间。

图 7.7 为该算法具体程序框图。

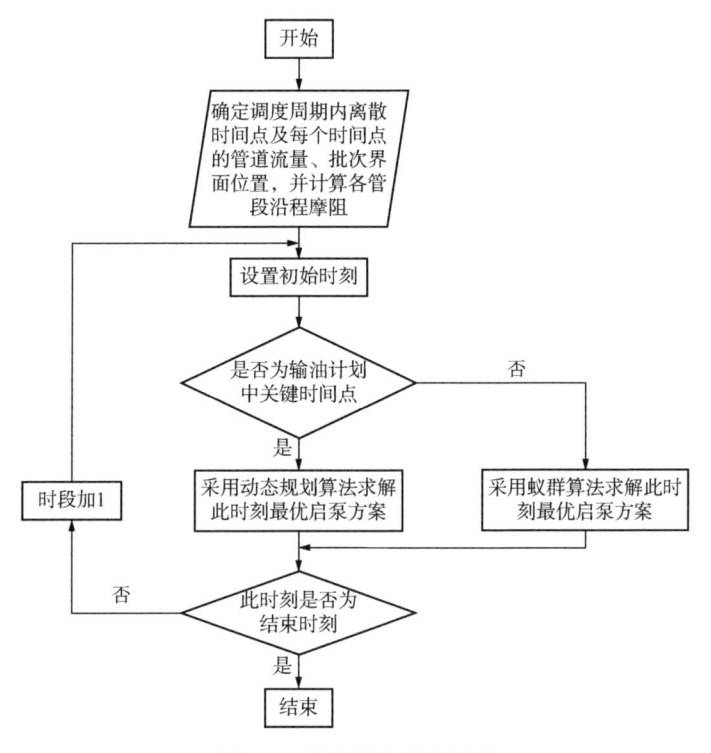

图 7.7　混合算法程序框图

7.3.4　分支定界算法

分支定界算法同样适用于求解基于离散-连续混合时间表达的 MILP 模

型，相比于其他人工智能算法及启发式算法，求解稳定性高、所求得结果一定为数学模型的全局最优解。分支定界算法基本原理如下：暂不考虑模型中对变量的整数约束，将原问题R_0变为其所对应的松弛线性规划问题R_S，采用单纯形法进行求解。若R_S无可行解，则R_0也无可行解；若R_S有最优解，且满足整数要求，则此解为R_0最优解；若R_S的最优解不满足整数要求，则需要在原问题R_0约束的基础上针对其中一个决策变量增加边界约束，将原问题分为R_1和R_2。以此类推，直到原问题不能再分解或者某阶段所求得最优解满足所有整数约束及边界约束，算法搜索树示意图如图7.8所示。

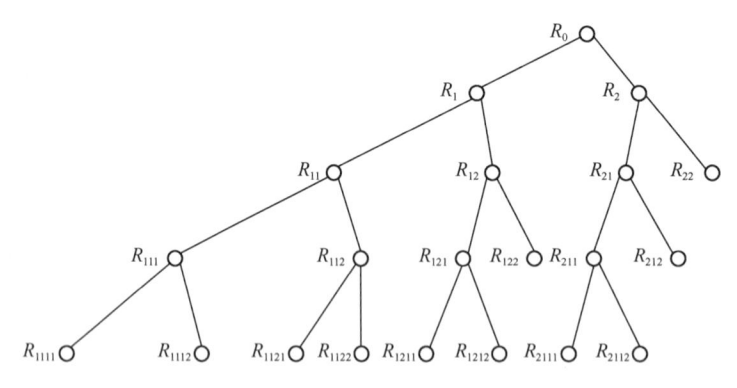

图7.8 分支定界算法搜索树

R_0的基本形式如下：

$$\min F = \boldsymbol{cx}$$
$$\text{s.t.} \quad \boldsymbol{Ax} = \boldsymbol{b},$$
$$\boldsymbol{x} \geq \boldsymbol{0} \tag{7.62}$$
$$x_j \text{为整数}, \quad j \in N_I$$

R_1和R_2的基本形式如下：

$$\begin{array}{ll} \min F = \boldsymbol{cx} & \min F = \boldsymbol{cx} \\ \text{s.t.} \quad \boldsymbol{Ax} = \boldsymbol{b}, & \text{s.t.} \quad \boldsymbol{Ax} = \boldsymbol{b}, \\ \boldsymbol{x} \geq \boldsymbol{0} & \boldsymbol{x} \geq \boldsymbol{0} \\ x_r \leq n_r & x_r \geq n_r + 1 \end{array} \tag{7.63}$$

式中：c 为目标函数系数向量；x 为决策变量向量；矩阵 A 为约束系数矩阵；向量 b 为右端向量；N_I 为整数变量编号集合；n_i 为决策变量边界。

模型求解过程中，需要将数学模型中所有未知变量排为一行，构成上式中 x；将所有等式约束与不等式约束展开，所有变量系数赋值到约束系数矩阵 A 中，右端常数项赋值到右端向量 b 中。目标函数系数中决策变量的系数赋值到目标函数系数向量 c 中。最终形成如式（7.64），再代入商业求解器进行求解。

$$\min F = c_1 x_1 + c_2 x_2 + c_3 x_3 + \cdots + c_n x_n$$

$$\begin{bmatrix} a_{11} & a_{12} & a_{13} & \cdots & a_{1n} \\ a_{21} & a_{22} & a_{33} & \cdots & a_{2n} \\ a_{31} & a_{32} & a_{33} & \cdots & a_{3n} \\ \cdots & \cdots & \cdots & \cdots & \cdots \\ a_{m1} & a_{m2} & a_{m3} & \cdots & a_{mn} \end{bmatrix} \begin{bmatrix} x_1 \\ x_2 \\ x_3 \\ \cdots \\ x_n \end{bmatrix} = \begin{bmatrix} b_1 \\ b_2 \\ b_3 \\ \cdots \\ b_m \end{bmatrix}$$

$$x_j \text{ 为整数}, j \in N_I \tag{7.64}$$

第8章　复杂工艺成品油管道调度优化方法

根据第 4 章、第 5 章和第 6 章内容可知，成品油管道调度计划优化能够快速地制订满足成品油管道上下游的需求，并保证管道全线安全、高效运行的调度计划；根据第 7 章内容可知，成品油管道输油泵运行方案优化能够在满足成品油管道上下游需求的基础上，快速制订整个输油周期内能耗费用最低的全线所有泵站的输油泵配泵方案。而成品油管道调度计划和输油泵运行方案的统一优化被称为复杂工艺成品油管道调度优化，可以进一步提高成品油管道运行的经济性、安全性和稳定性。本章将介绍成品油管道压力约束的分类、耦合水力的成品油管道调度优化的必要性和难点，以及相应的优化模型建立和求解方法。

8.1 复杂工艺成品油管道调度

图 8.1 是某条实际运行的成品油管道示意图，其中 IS 为注入站，TS 为末站，D1、D2、D3 为分输站，IS、P1、P2 为泵站，LP1 为管道低点，HP1、HP2 为管道高点，以上站场与节点均被称为管道关键节点。在示意图的上半部分中，不同种类的油品用不同的颜色表示，有颜色的输油泵代表其处于运行状态。在示意图的下半部分中，红色和绿色的实线分别对应管道纵断面线及水力坡降线，两者之间的垂直高度代表动水压力，即油品沿管道流动过程中各点的剩余压力。管道的压力控制方式是指通过调节沿线输油泵和调节阀，将所有关键节点的动水压力都控制在安全范围内。

根据关键节点的类型，压力约束可以分为以下五类：

（1）注入站：输油泵入口压力等于给油泵提供的压力，确保输油泵入口压力大于输油泵的汽蚀余量（$NPSH$），以防止泵发生汽蚀。

（2）泵站：进站压力下限与 $NPSH$ 有关，出站压力应小于管道设计压力，同时，还需要控制出站压力与过泵流量之间的关系。

（3）末站：进站压力应通过调节阀控制在一个较低的范围内，首先不能低于油品的饱和蒸气压，避免油品发生汽化，但要保证油品能够顺利进罐；

图 8.1　成品油管道运行示意图

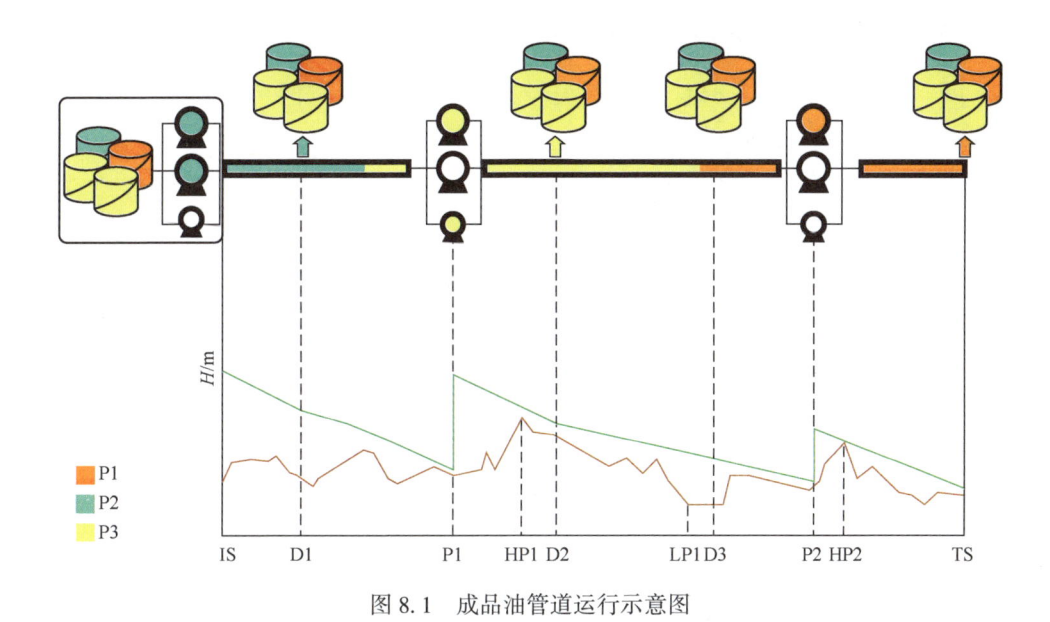

其次也不宜过高，否则末站的节流损失过大，将造成更多的能量浪费。

（4）高点：高点的压力应大于油品饱和蒸气压，避免发生油品汽化或液柱分离。

（5）低点：由于高程差较大，低点的动水压力一般较高，但应在管道设计压力范围内。

顺序输送成品油管道水力变化复杂，且流量与压力之间存在非线性关系，现有研究通常采用一些启发式规则以考虑成品油管道调度的水力特性。受现场操作经验的启发，一方面，一般将调度优化模型的压力约束转换为流量约束，即管道流量处于一定范围时，则一定满足压力约束，可以将油品安全输送至指定站场。但是，根据人工经验转换后的流量约束通常不能与原始压力约束完全匹配。为了确保管道的安全运行，流量约束通常更加保守，这可能会导致管输能力的浪费。另一方面，为了最小化泵运行成本，可以采用一些近似方法估算泵运行成本，并转换为调度模型的目标函数，相关方法如下。

（1）最小泵送时间法：该方法假设当输送任务给定时，在越短的时间内将油品输送到指定站场，泵运行成本将会越小。如式(8.1)所示，模型的目标函数为最小化调度总时长，即最小化最后一个时间窗的结束时间。其中，$T=\{1, 2, \cdots, t^{\max}\}$ 表示时间节点编号集合，$t^{\max}$ 表示时间节点的最大编号，$\tau_{t^{\max}}$ 表示最后一个时间窗的结束时间。

$$\min \tau_{t^{\max}} \tag{8.1}$$

（2）单位泵送成本法：该方法假设输油泵的运行费用与各时间窗内泵送油品流量呈线性关系，如式(8.2)所示。其中，C 表示调度周期内输油泵运行总费用，$c_{t,s,s',p}$ 表示在时间窗$(t, t+1)$内将油品p从站场s输送到站场s'的单位费用，$Q_{t,s,s',p}(V_{t,s,s',p})$ 表示在时间窗t内将油品p从站场s输送到站场s'的流量(体积)，τ_t 表示第t个时间窗的开始时间。

$$\begin{aligned} \min C &= \sum_{t=1}^{t^{\max}-1} \sum_{s=1}^{s^{\max}} \sum_{s'=1}^{s^{\max}} \sum_{p=1}^{p^{\max}} c_{t,s,s',p} Q_{t,s,s',p} (\tau_{t+1} - \tau_t) \\ &= \sum_{t=1}^{t^{\max}-1} \sum_{s=1}^{s^{\max}} \sum_{s'=1}^{s^{\max}} \sum_{p=1}^{p^{\max}} c_{t,s,s',p} V_{t,s,s',p} \end{aligned} \tag{8.2}$$

（3）最小泵启停成本法：该方法假设在调度周期内泵启停次数越少，泵运行成本将会越小，如式(8.3)所示。其中，C 表示调度周期内泵启停成本，c_p^A 表示油品p的单位启输成本，c_p^S 表示油品p的单位停输成本，$AV_{t,p}$ 表示时间窗$(t, t+1)$内油品p的启输量，$SV_{t,p}$ 表示时间窗$(t, t+1)$内油品p的停输量。

$$\min C = \sum_{t=1}^{t^{\max}-1} \sum_{p=1}^{p^{\max}} (c_p^A AV_{t,p} + c_p^S SV_{t,p}) \tag{8.3}$$

（4）最小流量波动法：该方法认为若输送任务给定，沿程摩阻损失在管段流量最平稳时达到最小。考虑到直接选用沿程摩阻损失作为目标函数会使优化模型变为非线性模型，该方法以计划周期内管道沿线各管段运行流量随时间波动幅度之和最小作为目标函数，如式(8.4)所示。其中，Q^F 表示调度周期内管道流量的波动总量，$Q_{t,s}$ 表示时间窗$(t, t+1)$内管段$(s, s+1)$的流量。

$$\min Q^F = \sum_{t=1}^{t^{\max}-2} \sum_{s=1}^{s^{\max}} |Q_{t+1,s} - Q_{t,s}| \tag{8.4}$$

成品油管道运行计划包括管道调度计划与输油泵运行方案，前者应指明管道沿线站场在调度周期内注入/分输批次的油品种类、流量、持续时间，确保下游站场能够按时、按量地分输油品；后者为各泵站的启停泵操作指令，确保多批次不同种油品在管道中顺利、安全输送。在针对成品油管道运行问题的研究中，国内外学者大多将以上两个问题分开研究。首先，仅针对管道调度问题建立数学模型，不考虑管道运行的水力条件，并采用相应算法对模型进行求解，得到优化的管道调度计划，达到需求偏差最小或运行时间最小的目的。然后，在管道调度计划已定的情况下，通过合理配置输油泵的运行方案，最大化地降低能耗费用。

实际上，成品油管道的运行是一个复杂的过程，管道调度计划和输油泵运行方案密不可分。将该问题分成两部分逐一建立模型求解虽然能简化变量之间的逻辑关系、减小整体模型规模并降低计算时间，但是存在管道调度计划和输油泵运行方案耦合程度不高的缺陷。在传统的两阶段求解过程中，由于成品油管道调度计划的制订过程未严格考虑输油泵运行能耗问题，过泵流量不一定在输油泵的高效运行区间内，从而导致输油泵的效率过低。以定转速离心泵性能曲线为例，一般将输油泵效率曲线的最高点定为额定点，最高效率以下7%范围内对应的工作点定为输油泵运行高效工作区。但是，根据管道调度计划制定出的过泵流量极有可能在输油泵运行高效工作区之外，会降低输油泵运行的经济性和稳定性，甚至导致"跳泵"事故的发生，影响管道的正常运行。此外，尽管求解的两部分结果是各自模型的最优解，但不一定是整个成品油管道运行方案的最优解。因此，需要联合求解两个问题，开发一种耦合水力的成品油管道调度方法，即在成品油管道调度计划优化过程中耦合复杂的成品油管道水力特性，建立管道调度计划和输油泵运行方案统一优化模型。这种方法同时优化管道调度计划和输油泵运行方案，可以避免以上问题的发生并确保管道运行方案为整体最优。

与成品油管道调度基础优化模型相比，耦合水力的成品油管道调度优化模型既需要考虑基础的油品注入约束、站场分输约束、时间节点约束、批次运移约束等，还需要严格考虑输油泵特性约束、管道沿线压力约束等。根据前几章的内容可知，成品油管道调度优化模型建立的时间表达法可以分为离散时间表达法与连续时间表达法。时间离散化会造成模型求解结果与管道实际运行工况的差异，两个相邻时间节点间的变量变化，如批次界面位置、管道摩阻损失等也不能在模型中被有效考虑。尽管这个问题可以通过缩短时间窗长度在一定程度上得到解决，但是时间窗长度的缩短也会导致模型规模呈指数型增长，从而导致无法在合理时间范围内得到有效的求解结果。基于连续时间表达法建立的数学模型可以有效解决以上问题，但是会产生其他新问题：(1)如何选取时间节点；(2)如何在时间连续性条件下描述流量变量与其他变量(尤其是摩阻损失)之间的关系。综上所述，耦合水力的成品油管道调度方法在模型建立和求解方面都存在较大难度。

下文将针对流量控制和压力控制模式，分别介绍两种耦合水力的管道调度优化方法。

8.2 基于流量控制的调度优化方法

基于流量控制的调度优化方法是指在建立耦合水力的调度优化模型时，将压力约束转换为流量约束，即管道流量处于一定范围时，压力约束一定满足，既不会超压也不会欠压。本节将介绍一种基于流量数据库的成品油管道调度模型，并给出相应的求解方法。

8.2.1 流量数据库建立

基于流量数据库的成品油管道调度优化方法包含三个步骤：一是基于大规模历史流量数据库，建立高效的小规模流量数据库；二是基于小规模数据库，建立管道调度优化模型；三是更新大规模历史流量数据库，便于后续计算。

流量数据库由三个矩阵组成，即管段流量上限矩阵 $\boldsymbol{Q}^{PX}$，管段流量下限矩阵 $\boldsymbol{Q}^{PN}$，以及流量组合与泵运行方案的对应关系矩阵 $\boldsymbol{\Gamma}$，如式(8.5)至式(8.7)所示。其中，$r \in R = \{1, 2, \cdots, r^{max}\}$ 是流量组合编号集合，$f \in F = \{1, 2, \cdots, f^{max}\}$ 是泵运行方案编号集合。$q_{r,s}^{PX}$ 是流量组合 r 中管段 $(s, s+1)$ 的

最大流量，$q_{r,s}^{\text{PN}}$是流量组合 r 中管段 $(s,s+1)$ 的最小流量。$\gamma_{r,f}$ 为二元参数，若在泵运行方案 f 下，以最大流量组合 r 运行时，末站无须节流，则 $\gamma_{r,f}=1$；否则，$\gamma_{r,f}=0$。对于每种流量组合，只对应一种泵运行方案，所以 $\sum_f \gamma_{r,f}=1$。而对于每种泵运行方案，可以对应多种流量组合。通过矩阵 $\boldsymbol{Q}^{\text{PX}}$、$\boldsymbol{Q}^{\text{PN}}$ 以及 $\boldsymbol{\varGamma}$，可以在建立数学模型时同时考虑泵的运行方案和相应的流量约束，实现管道的流量控制。

$$\boldsymbol{Q}^{\text{PX}} = \begin{bmatrix} q_{1,1}^{\text{PX}} & \cdots & q_{1,s}^{\text{PX}} & \cdots & q_{1,s^{\max}-1}^{\text{PX}} \\ \cdots & \cdots & \cdots & \cdots & \cdots \\ q_{r,1}^{\text{PX}} & \cdots & q_{r,s}^{\text{PX}} & \cdots & q_{r,s^{\max}-1}^{\text{PX}} \\ \cdots & \cdots & \cdots & \cdots & \cdots \\ q_{r^{\max},1}^{\text{PX}} & \cdots & q_{r^{\max},s}^{\text{PX}} & \cdots & q_{r^{\max},s^{\max}-1}^{\text{PX}} \end{bmatrix} \tag{8.5}$$

$$\boldsymbol{Q}^{\text{PN}} = \begin{bmatrix} q_{1,1}^{\text{PN}} & \cdots & q_{1,s}^{\text{PN}} & \cdots & q_{1,s^{\max}-1}^{\text{PN}} \\ \cdots & \cdots & \cdots & \cdots & \cdots \\ q_{r,1}^{\text{PN}} & \cdots & q_{r,s}^{\text{PN}} & \cdots & q_{r,s^{\max}-1}^{\text{PN}} \\ \cdots & \cdots & \cdots & \cdots & \cdots \\ q_{r^{\max},1}^{\text{PN}} & \cdots & q_{r^{\max},s}^{\text{PN}} & \cdots & q_{r^{\max},s^{\max}-1}^{\text{PN}} \end{bmatrix} \tag{8.6}$$

$$\boldsymbol{\varGamma} = \begin{bmatrix} \gamma_{1,1} & \cdots & \gamma_{1,f} & \cdots & \gamma_{1,f^{\max}} \\ \cdots & \cdots & \cdots & \cdots & \cdots \\ \gamma_{r,1} & \cdots & \gamma_{r,f} & \cdots & \gamma_{r,f^{\max}} \\ \cdots & \cdots & \cdots & \cdots & \cdots \\ \gamma_{r^{\max},1} & \cdots & \gamma_{r^{\max},f} & \cdots & \gamma_{r^{\max},f^{\max}} \end{bmatrix} \tag{8.7}$$

管段流量下限 $q_{r,s}^{\text{PN}}$ 与泵的性能有关。管段流量上限值 $q_{r,s}^{\text{PX}}$ 与泵的性能和管段摩阻相关，是能够将油品成功输送至目的地的管段最大流量。对于同一种泵运行方案 f，存在多个管段最大流量组合。以图 8.2 为例，Q_s^{PX} 表示管段

(s, $s+1$)的最大流量。由于泵提供的最大扬程一定，只要降低Q_1^{PX}，就可以增加Q_2^{PX}，从而可以得到多个管段最大流量组合。由管段最大流量组合建立的流量数据库十分庞大，基于此建立的调度模型的规模也相应变大。如果能得到一个高效的小规模流量数据库，将大大提高求解效率，本章8.2.3节将详细介绍基于大规模流量数据库构建高效的小规模流量数据库的方法。

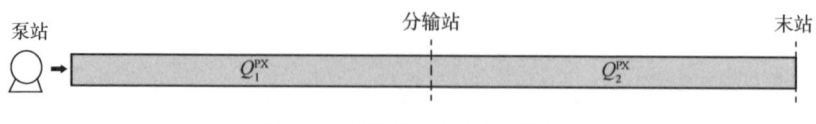

图8.2 管段最大流量示意图

8.2.2 模型建立

本节将基于8.2.1节建立的流量数据库，建立成品油管道调度优化模型。如式(8.8)所示，模型的目标函数包括两个部分：一是最小化所有分输站的实际分输量$V_{s,p}^X$与需求量$v_{s,p}^S$的偏差所造成的经济损失；二是最小化所有时间窗内输油泵的运行费用。其中，c^B为分输站实际分输与需求的单位体积偏差造成的经济损失费用，C_t^P为时间窗(t, $t+1$)内输油泵的运行费用。绝对值的线性化过程见4.2.1节。

$$\min f = \sum_{s=1}^{s^{\max}} \sum_{p=1}^{p^{\max}} c^B |V_{s,p}^X - v_{s,p}^S| + \sum_{t=1}^{t^{\max}-1} C_t^P \tag{8.8}$$

目标函数由最小值确定，所以只需要确定调度周期内输油泵的运行费用的下限，如式(8.9)所示。根据8.2.1节可知，一种流量组合只对应一种泵运行方案，如果时间窗(t, $t+1$)内流量组合r被选择($A_{t,r}=1$)，则存在唯一的泵运行方案($\gamma_{r,f}=1$)。对于确定的泵运行方案，泵运行费用与泵送油品的体积和密度成线性关系，则时间窗(t, $t+1$)内输油泵的运行费用$C_t^P = c_{t,f,s}^U V_{t,s}^S$。其中，$V_{t,s}^S$为时间窗($t$, $t+1$)内管段(s, $s+1$)的运输量[若s为泵站，$V_{t,s}^S$为时间窗(t, $t+1$)内站场s的泵送油品量]，$c_{t,f,s}^U$为泵运行方案f下，站场s在时间窗(t, $t+1$)内的单位泵运行费用。$c_{t,f,s}^U$的计算过程见8.2.3节。

$$C_t^P \geq \sum_{f=1}^{f^{\max}} \sum_{s=1}^{s^{\max}-1} c_{t,f,s}^U \gamma_{r,f} V_{t,s}^S + (A_{t,r}-1)M \qquad t<t^{\max}, r \in R \tag{8.9}$$

管道沿线的油品分布将随着批次运移发生变化，从而改变沿线管段水力特性，导致每个时间窗内的可行流量组合会随之产生差异。因此，用R_t^S表示时间窗$(t, t+1)$内的可行流量组合。在任何时间窗$(t, t+1)$内，只有一个可行流量组合被选择，其对应的泵运行方案决定了各个输油泵的启停状态，如式（8.10）所示。

$$\sum_{r \in R_t^S} A_{t,r} = 1 \qquad t<t^{\max} \tag{8.10}$$

当时间窗$(t, t+1)$内流量组合r被选择（$A_{t,r}=1$），管段$(s, s+1)$的运输量$V_{t,s}^S$需要满足对应流量组合r中的流量上限$q_{r,s}^{PX}$和下限$q_{r,s}^{PN}$，如式（8.11）和式（8.12）所示。此外，由于流量是根据泵的运行方案提前获得的，只要所有管段的流量都在可行流量组合中，油品就可以顺利地输送到各个分输站。

$$V_{t,s}^S \leq q_{r,s}^{PX}(\tau_{t+1}-\tau_t)+(1-A_{t,r})M \qquad r \in R_t^S, t<t^{\max}, s<s^{\max} \tag{8.11}$$

$$V_{t,s}^S \geq q_{r,s}^{PN}(\tau_{t+1}-\tau_t)+(A_{t,r}-1)M \qquad r \in R_t^S, t<t^{\max}, s<s^{\max} \tag{8.12}$$

用二元变量W_t^O表示泵运行方案在时间窗$(t, t+1)$内是否发生改变。$\sum_{r \in R_t^S} A_{t,r} \gamma_{r,f}=1$表示泵运行方案$f$在时间窗$(t, t+1)$内被选择，$\sum_{r \in R_{t-1}^S} A_{t-1,r} \gamma_{r,f}=1$表示泵运行方案$f$在时间窗$(t-1, t)$内被选择。如果泵运行方案在时间窗$(t, t+1)$内发生了改变，那么对于所有$f$而言，$(\sum_{r \in R_t^S} A_{t,r}\gamma_{r,f} - \sum_{r \in R_{t-1}^S} A_{t-1,r}\gamma_{r,f})$等于1、0或-1，此刻$W_t^O=1$；反之，如果泵运行方案$f$在时间窗$(t-1, t)$和$(t, t+1)$内同时被选择，那么所有$f$的$(\sum_{r \in R_t^S} A_{t,r}\gamma_{r,f} - \sum_{r \in R_{t-1}^S} A_{t-1,r}\gamma_{r,f})$一定等于0，此刻$W_t^O=0$。

$$W_t^O \geq \sum_{r \in R_t^S} A_{t,r}\gamma_{r,f} - \sum_{r \in R_{t-1}^S} A_{t-1,r}\gamma_{r,f} \qquad 1<t<t^{\max}-1, f \in F \tag{8.13}$$

如果选择了一种泵运行方案，该方案至少运行一段时间。式（8.14）保证相邻切泵操作的间隔时间大于Δh，以避免泵的频繁启停，使模型求解的调度计划更贴近实际工程。

$$\tau_{t'}-\tau_{t''} \geq (W_{t'}^O+W_{t''}^O-1)\Delta h \qquad t''<t'<t^{\max} \tag{8.14}$$

与本书第 4 章的成品油管道基础调度模型相比，该模型需要考虑基于流量数据库的泵站的相关约束，其余约束的表达方式类似。

8.2.3 模型求解

由 8.2.1 节可知，建立基于流量控制的调度优化模型的关键点之一是从大规模历史流量数据库中筛选有效的流量组合，从而提高计算速度和计算效果。由 8.2.2 节可发现，流量数据库只影响模型中的泵运行情况，因此可以先求解没有约束式(8.5)至式(8.7)和式(8.9)至式(8.14)的 MILP 模型，获得一个初版调度计划，该计划旨在最大程度地满足分输站的需求。在此基础上，计算得到每个时间窗内各管段流量与注入站注入流量的比例 $\alpha_{t,s}$ = $[V_{s,p}^{X}/(\tau_{t+1}-\tau_t)]/[V_t^J/(\tau_{t+1}-\tau_t)]$，称为流量比。其中，$V_{s,p}^{X}/(\tau_{t+1}-\tau_t)$ 为各管段的流量，而 $V_t^J/(\tau_{t+1}-\tau_t)$ 为注入站的注入流量。对于同一个时间窗，只要管道在相同的流量比下运行，批次运移的距离和站场分输量均可维持不变。满足该流量比的流量组合可被视为有效组合，以图 8.3 为例，图 8.3(b)中所有站的分输流量是图 8.3(a)中的一半，而时间窗长度增加了两倍。尽管运输流量不同，但在相同的流量比下，各站场的最终分输量和批次油头终态体积坐标保持不变。可以通过等比例地缩小或扩大流量来调整调度计划与泵运行方案，从而降低对应的费用。

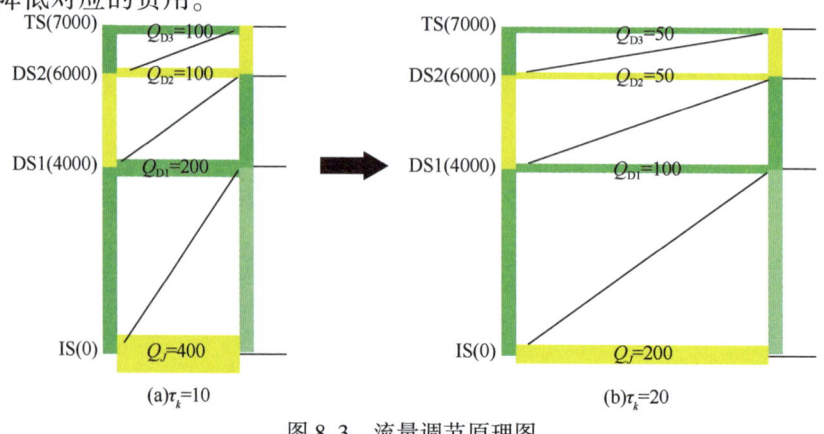

图 8.3　流量调节原理图

具体方法如下所示：

（1）求解没有泵相关约束式（8.5）至式（8.7）和式（8.9）至式（8.14）的MILP模型。

（2）记录各时间窗内的管道流量比$\alpha_{t,s}$，以及批次与站场之间的关系$S^Z_{t,i,s}$。$S^Z_{t,i,s}$表示如果时间节点t批次i的油头体积坐标超过站场s体积坐标，$S^Z_{t,i,s}=1$；否则，$S^Z_{t,i,s}=0$。

（3）基于图8.4建立流量数据库，记录每个时间窗内的可行流量组合R_{St}和单位泵成本$c^U_{t,f,s}$。$c^U_{t,f,s}$由式（8.15）计算得到。其中，$c^T_{f,s}$为泵站s运行方案f下泵送1m³水的单位成本，站场s输送的油品密度可以由$S^Z_{t,i,s}$计算得到。如果历史数据库中没有可行的流量组合，则根据式（8.16）计算新的管段流量组合，并将其添加到历史流量数据库和小规模数据库中。二元变量$S^Z_{t,i,s}$已知后，泵站s运行方案f下提供的能量$H^S_f(Q^X_s, S^Z_{t,i,s}, \delta_{p,i}, \rho_p)$和管段$(s, s+1)$的摩阻损失$F^1(Q^X_s, S^Z_{t,i,s}, \delta_{p,i}, \rho_p)$仅取决于过泵流量$Q^X_s$。当某站的压力达到下限值$rs^L_s$时，得到最大流量，而最小流量则由运行泵的性能决定。

---

input 输入小规模数据库的规模 m；历史数据库 Q^{PXH}，Q^{PNH} and Γ^H；

set 空流量数据库 Q^{PX}，Q^{PN} and Γ；小规模数据库的当前规模 $p^{max}=0$；

可行流量组合 P^S_t 的空集；搜索记录 rs_t and os_t 的空矩阵；

for $n \leftarrow 1$ to m

for $t \leftarrow 1$ to $t^{max}-1$

  if($p^{max}=m$) **break**；

  得到时间窗$(t, t+1)$内的流量比：$X_t=[\alpha_{t,1}, \alpha_{t,2}, \cdots, \alpha_{t,s^{max}-1}]$；

  得到时间窗$(t, t+1)$的二元变量：$S^Z_t=[S^Z_{t,1,1}, S^Z_{t,1,2}, \cdots, S^Z_{t,i^{max},s^{max}}]$；

  $\Delta p=0$；

  if($p^{max}>0$)

    for $p \leftarrow rs_t+1$ to p^{max}

      if(在Q^{PX}，Q^{PN}，X_t 和S^Z_t 的约束下有可行的流量)

      $rs_t=p$；$\Delta p=1$；add p into P^S_t；**break**；

图8.4 建立小规模流量数据库的主要步骤

> **if**($\Delta p = 0$)
>   **for** $o \leftarrow os_t + 1$ to $o^{\max}$
>   **if**(在Q_o^{PX}, Q_o^{PN}, X_t和S_t^Z的约束下有可行的流量)
>   **add** Q_o^{PX}, Q_o^{PN}, Γ_o into Q^{PX}, Q^{PN}, Γ;
> $os_t = o$; $\Delta p = 1$; $p^{\max} = p^{\max} + 1$; add $p^{\max}$ into P_t^S; **break**;
>   **if**($\Delta p = 0$)
>   **for** $f \leftarrow 1$ to $f^{\max}$
>   采用式(8.16)计算X_t下的q^{PX};
>   根据所选泵运行方案f获得q^{PN};
>   建立泵运行方案与当前流量组合γ的关系矢量;
>   将q^{PX}, q^{PN}, γ加入Q^{PX}, Q^{PN}, Γ, Q^{PXH}, Q^{PNH}, Γ^H;
> $rs_t = p^{\max}$; $os_t = o^{\max}$; $o^{\max} = o^{\max} + 1$; $p^{\max} = p^{\max} + 1$; add $p^{\max}$ into P_t^S;
> **if**($p^{\max} = m$) **break**;
> **output** Q^{PX}, Q^{PN}, Γ, Q^{PXH}, Q^{PNH}, Γ^H, P_t^S

图 8.4　建立小规模流量数据库的主要步骤(续图)

$$c_{t,f,s}^U = c_{f,s}^T \sum_{p=1}^{p^{\max}} \rho_p [\delta_{p,i^{\max}} S_{t,i^{\max},s}^Z + \sum_{i=1}^{i^{\max}-1} \delta_{p,i}(S_{t,i,s}^Z - S_{t,i+1,s}^Z)] \quad t < t^{\max}, f \in F, s \in S \tag{8.15}$$

$$\max Q^J$$

s.t. $\begin{cases} Q_s^X = \alpha_{t,s} Q^J, & s < s^{\max} \\ rs_{s+1}^L \leq \sum_{s'=1}^s [H_f^S(Q_{s'}^X, S_{t,i,s'}^Z, \delta_{p,i}, \rho_p) - F^t(Q_{s'}^X, S_{t,i,s'}^Z, S_{t,i,s'+1}^Z, \delta_{p,i}, \rho_p)], & s < s^{\max} \end{cases}$ (8.16)

(4) 根据小规模数据库,建立完整的 MILP 模型,并设$S_{Zt,i,s}$为二元参数而非变量,计算得到详细的调度计划。完整的计算流程图如图 8.5 所示。输入可以分为两种类型:一种是对现场实际情况进行计算,另一种是对随机情况进行测试,扩展历史流量数据库。初始历史流量数据库可由式(8.16)计算生成或通过记录实际现场数据生成。对于投产运行已久的管道,存在大量人工编制的运行计划(包括调度计划和泵运行方案)。通过图 8.4 的方法,不仅可以得到一个小规模数据库用于新的计算，还可以更新历史数据库。随着计算次数的增加，历史数据库规模不断扩大，因此在相同的情况下，一段时间后的求解结果可能比上一次的结果更好。

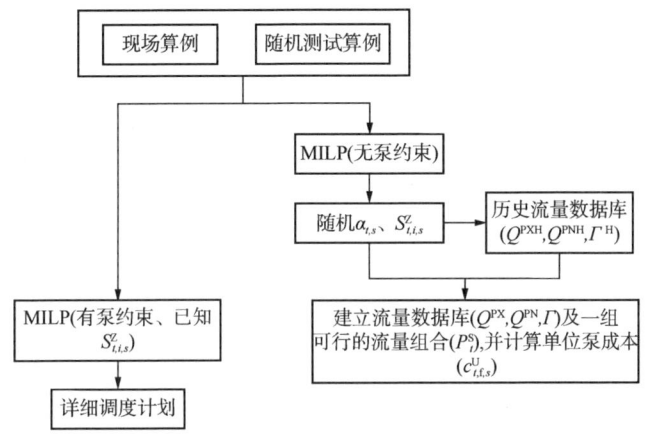

图 8.5 计算流程图

以某条成品油管道为例，该管道基础参数见本书第6章6.2.2节。在制订输油计划时，首先需要考虑各分输站的满意度最大，即最小化实际分输量与需求量的总偏差；此外，还需要考虑管道的水力特性，即最小化泵运行成本。管道沿线有2个泵站，每个泵站有2台输油泵（一台大功率输油泵和一台小功率输油泵），故该管道总共有15种泵运行方案。在调度周期内，由于注入站的小功率输油泵单独运行时无法提供足够的动力，该站的大功率输油泵必须处于运行状态，因此，可行的泵运行方案减少到8个。同时，为了避免泵的频繁启停，每个泵方案的运行时间必须大于10h。

求解得到的输油计划如图8.6所示，总调度时长为220.8h。在批次运移图中，不同的颜色代表不同的油品(0#柴油—红色，92#汽油—绿色，95#汽油—蓝色)。从图8.6中可以看出，当D2—D3管段存在汽汽混油时，共发生两次停输操作，这符合现场工艺要求。此外，当汽汽混油经过中间分输站时，均执行了越站操作(停止分输来自管道的任何油品)。具体的注入量和分输量见表8.1。各管段和分输站的流量分别见本书附录B图B.1和图B.2，操作流量均处于可行范围内。

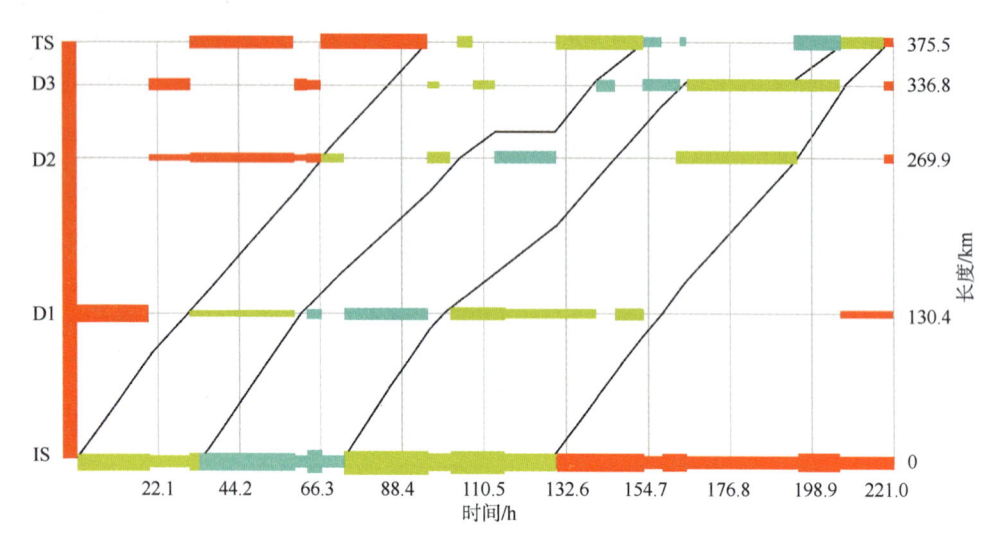

图 8.6　批次运移图(基于流量控制的调度优化方法求解得到)

表 8.1　各站注入/分输量

站场	注入/分输量/t				
	B1	B2	B3	B4	B5
	0#柴油	92#汽油	95#汽油	92#汽油	0#柴油
IS	0	20055	25000	39945	60700
D1	14511	2357	8000	14643	2389
D2	12511	3285	7000	10715	489
D3	7305	3568	4000	10432	495
TS	22506	10845	6000	4155	494

求解得到的泵运行方案如图 8.7 所示。注入站 IS 和分输泵站 D1 的启停次数分别为 8 次和 5 次。在计划开始时，只有 D1 站分输柴油，下游管道均停输，因此只需要开启注入站的大功率输油泵 P1。从 20.5h 开始，注入站的大功率输油泵 P1 和 D1 站的大功率输油泵 P3 大部分时间处于运行状态。泵切换操作主要是由于管道流量的急剧变化，特别是当某一段管段停输或再启动时(如 20.5h、33.3h、113.1h、164.0h)。同时，泵运行方案也受到泵性能或泵送油品的影响，即使在相同的管道流量下，泵运行方案也可能随着批次运移

而发生改变。例如，144.7h 时的管道流量分别为 834m³/h、834m³/h、834m³/h 和 476m³/h，而 194.6h 时的管道流量分别为 815m³/h、815m³/h、815m³/h 和 472m³/h。虽然 144.7h 时的流量稍大，但在 194.6h 时，IS—D2 管段充满了 B5（柴油），柴油黏度对总摩擦损失的影响更大。因此，在 194.6h 时需要开启更多的泵以提供足够的动力。

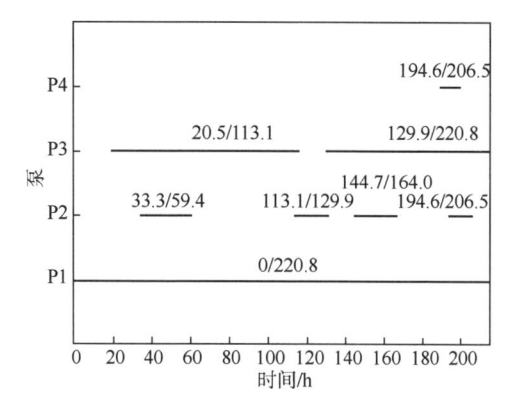

图 8.7　泵运行方案图
（基于流量控制的调度优化方法求解得到）

8.3　基于压力控制的调度优化方法

上一节介绍的基于流量控制的调度优化方法通过将压力约束转换为流量约束，避免了将压力约束严格地耦合到模型中。但是，为严格考虑管道运行的水力状况，本节将采用离散时间表达法建立一个基于压力控制的成品油管道调度优化模型，并给出相应的求解算法。在这种基于压力控制的成品油管道调度方法中，调度计划和输油泵运行方案都是整个优化模型中的变量，两者可以互相影响，达到了统一求解的目的。

8.3.1　目标函数

模型的目标是在保证满足各类约束条件的情况下，制订运行成本最低的注入站注入计划与各个分输站的分输计划。基于压力控制的成品油管道调度的成本 f 主要包括两部分：一为泵的运行费用 f_1，其中考虑了峰谷电价影响（C_t^p 对应不同时间窗的工业电价）；二为泵切换引起的泵机组损耗成本及人工

成本 f_2，该成本与泵启停次数成正相关。目标函数的表达式为：

$$\min f = f_1 + f_2 \tag{8.17}$$

$$f_1 = \sum_{t < t^{\max}} C_t^P \Delta t \sum_{s < s^{\max}} E_{t,s}^P \tag{8.18}$$

$$f_2 = C^L \sum_{t < t^{\max}} \sum_{s < s^{\max}} B_{t,s}^{CP} \tag{8.19}$$

8.3.2 约束条件

与本书第4章的成品油管道基础调度模型相比，该模型需要重点考虑泵站和压力的相关约束，其余约束的表达方式类似。

（1）分输约束。

分输站 s 对油品 p 的需求量与实际分输量的偏差需要在一定范围内。

$$\mu \geq \sum_{t \in T} \sum_{i \in I} \gamma_{i,p} V_{t,s,i}^{DO} - V_{s,p}^S \quad s \in S, p \in P \tag{8.20}$$

$$\mu \geq V_{s,p}^S - \sum_{t \in T} \sum_{i \in I} \gamma_{i,p} V_{t,s,i}^{DO} \quad s \in S, p \in P \tag{8.21}$$

（2）泵特性约束。

式(8.22)是泵特性曲线的表达式，以下将通过分阶段线性化的方法对其进行线性化处理。分阶段线性化的原理如图8.8所示，将流量区域分成五个较小区间，深色曲线代表 Q^m 的原始非线性关系，浅色直线代表每个区间内的近似线性关系。现将管段 $(s, s+1)$ 的流量划分为 a 个流量区间 $[q_{s,a}^{A,\min}, q_{s,a}^{A,\max}]$，那么各时间窗内各管段的流量一定会处于其中一个区间，即式(8.23)至式(8.25)。通过以上划分，每个范围内的泵特性曲线表达式[式(8.22)]可近似为线性的约束条件[式(8.26)和式

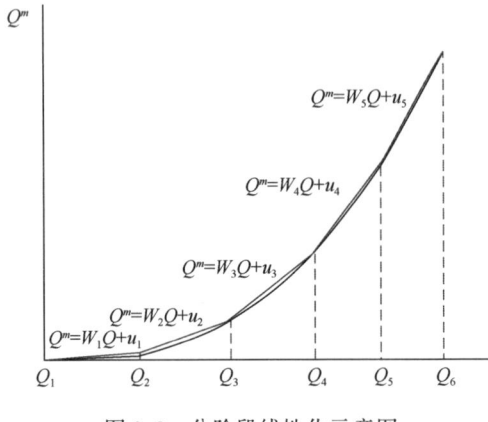

图 8.8　分阶段线性化示意图

(8.27)]。具体而言,如果批次 i 在时间窗$(t, t+1)$内正在流经站场 s,并且输油泵 k 被开启(即$B^P_{t,i,s,k,a}=1$),输油泵所提供的压力可以按照式(8.26)和式(8.27)计算。

$$P_{t,s}=b_{s,k}Q^{2-m}+z_{s,k} \qquad \forall\, t<t^{\max},\ s<s^{\max},\ k\in K_s \qquad (8.22)$$

$$Q^S_{t,s} \leq \sum_{k\in K_s}\sum_{i\in I}\sum_{a\in A} B^P_{t,i,s,k,a}\, q^{A,\max}_{s,a} \qquad \forall\, t<t^{\max},\ s<s^{\max} \qquad (8.23)$$

$$\sum_{k\in K_s}\sum_{i\in I}\sum_{a\in A} B^P_{t,i,s,k,a}\, q^{A,\min}_{s,a} \leq Q^S_{t,s} \qquad \forall\, t<t^{\max},\ s<s^{\max} \qquad (8.24)$$

$$\sum_{k\in K_s}\sum_{i\in I}\sum_{a\in A} B^P_{t,i,s,k,a}=1 \qquad \forall\, t<t^{\max},\ s<s^{\max} \qquad (8.25)$$

$$P_{t,s}\leq fp_s\{\rho_i g[b_{s,k}(w_a Q^S_{t,s}+u_a)+z_{s,k}]+(1-B^P_{t,i,s,k,a})M\}$$
$$\forall\, t<t^{\max},\ i\in I,\ s<s^{\max},\ k\in K_s,\ a\in A \qquad (8.26)$$

$$P_{t,s}\geq fp_s\{\rho_i g[b_{s,k}(w_a Q^S_{t,s}+u_a)+z_{s,k}]+(B^P_{t,i,s,k,a}-1)M\}$$
$$\forall\, t<t^{\max},\ i\in I,\ s<s^{\max},\ k\in K_s,\ a\in A \qquad (8.27)$$

泵送批次一定是该时间窗内正在流经该泵站的批次。

$$\sum_{k\in K_s}\sum_{a\in A} B^P_{t,i,s,k,a}=B^S_{t,i,s} \qquad \forall\, t<t^{\max},\ i\in I,\ s<s^{\max} \qquad (8.28)$$

输油泵输出功率与泵扬程、泵运行时长、过泵流量与油品密度相关,见式(8.29)。通过分阶段线性化的方式将该式转换为线性公式(8.30)和式(8.31)。

$$E^P_{t,i}=\rho gQ\, P_{t,s}=\rho gQ(b_{s,k}Q^{2-m}+z_{s,k})=\rho g(b_{s,k}Q^{3-m}+z_{s,k}Q)$$
$$\forall\, t<t^{\max},\ i\in I,\ s<s^{\max},\ k\in K_s \qquad (8.29)$$

$$E^P_{t,i}\leq fp_s\{\rho_i g[b_{s,k}(ww_a Q^S_{t,s}+uu_a)+z_{s,k}]+(1-B^P_{t,i,s,k,a})M\}$$
$$\forall\, t<t^{\max},\ i\in I,\ s<s^{\max},\ k\in K_s,\ a\in A \qquad (8.30)$$

$$E^P_{t,i}\geq fp_s\{\rho_i g[b_{s,k}(ww_a Q^S_{t,s}+uu_a)+z_{s,k}]+(B^P_{t,i,s,k,a}-1)M\}$$
$$\forall\, t<t^{\max},\ i\in I,\ s<s^{\max},\ k\in K_s,\ a\in A \qquad (8.31)$$

在同一输送流量下,输送油品的物性不同,管段的沿程摩阻差异也较大。本模型假设任意时间窗内,一个管段要么充满一个批次要么存在一个混油界面[式(8.32)]。如果站场 s 和 $s+1$ 的站前批次均为 i,那么管段(s, $s+1$)中一定只存在一种油品[式(8.33)],该管段的摩阻损失可按照批次 i 的黏度和密度进行计算。如果站场 $s+1$ 的站前批次均为 $i-1$,而站场 s 的站前批次均为 i,管段(s, $s+1$)中存在两种油品[式(8.34)],此时的摩阻损失需要按照批次 $i-1$ 和 i 的平均黏度和平均密度进行计算。

$$\sum_{i \in I} B_{t,i,s,a}^{\mathrm{PF}} + \sum_{i>1} B_{t,i,s,a}^{\mathrm{MF}} = \sum_{i \in I} \sum_{k \in K_t} B_{t,i,s,k,a}^{\mathrm{P}}$$

$$\forall t<t^{\max},\ s<s^{\max},\ a \in A \tag{8.32}$$

$$\sum_{a \in A} B_{t,i,s,a}^{\mathrm{PF}} \geq \frac{B_{t,i,s}^{\mathrm{S}} + B_{t,i,s+1}^{\mathrm{S}} - 1}{2} \quad \forall t<t^{\max},\ i \in I,\ s<s^{\max} \tag{8.33}$$

$$\sum_{a \in A} B_{t,i,s,a}^{\mathrm{MF}} \geq \frac{B_{t,i,s}^{\mathrm{S}} + B_{t,i-1,s+1}^{\mathrm{S}} - 1}{2} \quad \forall t<t^{\max},\ i>1,\ s<s^{\max} \tag{8.34}$$

式(8.35)为列宾宗公式,用来计算沿程摩阻。$P_{t,i}^{\mathrm{F}}$ 代表时间窗(t, $t+1$)内站场 s 和站场 $s+1$ 间的压能损失。同理,采用分阶段线性化将沿程摩阻和管段两头的压差之和转换为式(8.36)至式(8.39),其中式(8.36)和式(8.37)用于计算管段充满单个批次油品的压能损失,而式(8.38)和式(8.39)用于计算管段存在混油界面的压能损失。

$$hf = \beta \frac{Q^{2-m} v^{m}}{D^{5-m}} L \tag{8.35}$$

$$P_{t,i}^{\mathrm{F}} \leq 0.0246 p_s g \frac{(w_a Q_{t,s}^{\mathrm{S}} + u_a) v_i^{0.25}}{D_s^{4.75}} L_s + p_s g (za_{s+1} - za_s) + (1 - B_{t,i,s,a}^{\mathrm{PF}}) M$$

$$\forall t<t^{\max},\ i \in I,\ s<s^{\max},\ a \in A \tag{8.36}$$

$$P_{t,i}^{\mathrm{F}} \geq 0.0246 p_s g \frac{(w_a Q_{t,s}^{\mathrm{S}} + u_a) v_i^{0.25}}{D_s^{4.75}} L_s + p_s g (za_{s+1} - za_s) + (B_{t,i,s,a}^{\mathrm{PF}} - 1) M$$

$$\forall t<t^{\max},\ i \in I,\ s<s^{\max},\ a \in A \tag{8.37}$$

$$P_{t,s}^{\mathrm{F}} \leq 0.0246 \left(\frac{p_{i-1}+p_i}{2}\right) g \frac{(w_a Q_{t,s}^{\mathrm{S}} + u_a)(v_i + v_{i-1})^{0.25}}{D_s^{4.75}} L_s + p_s g (za_{s+1} - za_s) + (1 - B_{t,i,s,a}^{\mathrm{MF}}) M$$

$$\forall\, t<t^{\max},\ i>1,\ s<s^{\max},\ a\in A \tag{8.38}$$

$$P_{t,s}^{\mathrm{F}}\geqslant 0.0246\left(\frac{p_{i-1}+p_i}{2}\right)g\,\frac{(w_a Q_{t,s}^{\mathrm{S}}+u_a)(v_i+v_{i-1})^{0.25}}{D_s^{4.75}}L_s+p_s g(za_{s+1}-za_s)+(B_{t,i,s,a}^{\mathrm{MF}}-1)M$$

$$\forall\, t<t^{\max},\ i>1,\ s<s^{\max},\ a\in A \tag{8.39}$$

（3）泵站约束。

以二元变量 $B_{t,s}^{\mathrm{CP}}$ 表示在时间节点 t 是否发生切泵操作。如果在时间窗 $(t-1,\,t)$ 和 $(t,\,t+1)$ 内开启的泵一致，即可证明在时间节点 t 并未发生切泵操作。对于任意输油泵而言，若 $\sum_{i\in I}\sum_{a\in A}(B_{t,i,s,k,a}^{\mathrm{P}}-B_{t-1,i,s,k,a}^{\mathrm{P}})$ 都为 0，则 $B_{t,s}^{\mathrm{CP}}$ 可等于 0；反之，$B_{t,s}^{\mathrm{CP}}$ 必然等于 1。

$$B_{t,s}^{\mathrm{CP}}\geqslant\sum_{i\in I}\sum_{a\in A}(B_{t,i,s,k,a}^{\mathrm{P}}-B_{t-1,i,s,k,a}^{\mathrm{P}})\qquad\forall\, t>1,\ s<s^{\max},\ k\in K_s \tag{8.40}$$

为了使管道尽量平稳运行，泵切换的时间间隔不能小于 Δh。

$$\Delta\tau\times(t-t')\geqslant(B_{t,s}^{\mathrm{CP}}+B_{t',s}^{\mathrm{CP}}-1)\Delta h\quad\forall\, t'<t<t^{\max},\ s<s^{\max} \tag{8.41}$$

（4）压力约束。

密闭顺序输送的成品油管道在正常工况下构成了一个能量供给和消耗平衡的复杂水力系统。任意时刻站场 $s+1$ 的进站压力 $P_{t,s+1}^{\mathrm{RE}}$ 等于前一站场的进站压力 $P_{t,s}^{\mathrm{RE}}$ 加上泵的增压 $P_{t,s}$ 减去管段 $(s,\,s+1)$ 的压能损失[式(8.42)]。注入站的进站压力取决于给油泵压力[式(8.43)]，其他节点都应满足压力控制下的基本要求，即进站 $P_{t,s}^{\mathrm{RE}}$ 不欠压[式(8.44)]，出站 $P_{t,s}^{\mathrm{RE}}+P_{t,s}$ 不超压[式(8.45)]，且进站压力不高于设定的最大允许进站压力（$P_{t,s}^{\max}$）[式(8.46)]。对于管道沿线的高点和低点而言，也应将压力控制在一定范围内，防止油品汽化或管道超压。同时，还应控制末站的进站压力，尽量不节流，完整的压力控制约束见式(8.44)~式(8.46)。

$$P_{t,s+1}^{\mathrm{RE}}=P_{t,s+1}^{\mathrm{RE}}+P_{t,s}-P_{t,s}^{\mathrm{F}}\quad\forall\, t<t^{\max},\ s<s^{\max} \tag{8.42}$$

$$P_{t,1}^{\mathrm{RE}}=P^{G}\qquad\forall\, t<t^{\max} \tag{8.43}$$

$$P_{t,s}^{\mathrm{RE}}\geqslant P_{t,s}^{\min}\qquad\forall\, t<t^{\max},\ s\in S \tag{8.44}$$

$$P_{t,s}^{\text{RE}} \leqslant P_{t,s}^{\max} \qquad \forall\, t<t^{\max},\ s\in S \tag{8.45}$$

$$P_{t,s}^{\text{RE}}+P_{t,s} \leqslant P_{t,s}^{\max} \qquad \forall\, t<t^{\max},\ s<s^{\max} \tag{8.46}$$

本节所建立的模型经过分段线性化后转为 MILP 模型，可以采用分支定界算法求得全局最优解。

8.3.3 模型求解

本节所建立的模型可以采用分支定界算法进行求解。分支定界算法作为常用的数学规划算法，相比于其他人工智能算法和启发式算法，求解稳定性高、所求得结果确保为数学模型的全局最优解。算法原理与应用流程具体介绍见本书第 6 章。

以某条成品油管道为例（图 8.9），该管道基础参数见第 6 章 6.2.2 节。整体需求计划和注入计划见表 8.2 和表 8.3。

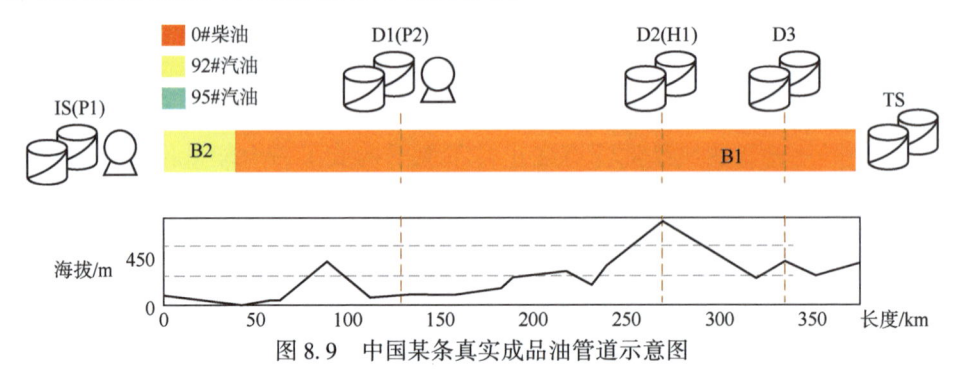

图 8.9 中国某条真实成品油管道示意图

表 8.2 需求计划

站场	0#柴油/t	92#汽油/t	95#汽油/t
D1	23390	15000	4800
D2	22690	17800	3500
D3	10800	12200	4000
TS	22500	10200	5700

表 8.3 注入计划

批次	质量/t	油品
B1	0	0#柴油
B2	35000	92#汽油
B3	18000	95#汽油
B4	20000	92#汽油
B5	77380	0#柴油

图 8.10 展示了模型求解得到的最优调度方案。从图中可知，调度周期为 265h，整条管道始终保持运行状态，在调度周期内不会发生停输。除 D2 站场分 2 次分输批次 B1、D3 站场分 3 次分输批次 B1 及 2 次分输批次 B2 外，大部分情况下，各站场对同一批次油品最多进行一次分输操作。各站场的实际分输量见表 8.4。最大偏差为 TS 对 0#柴油的需求(-4.35%)，计划值为 22500t，实际值为 21521t。各站点的偏差均小于 5%，即求解得到的调度方案能满足下游需求。

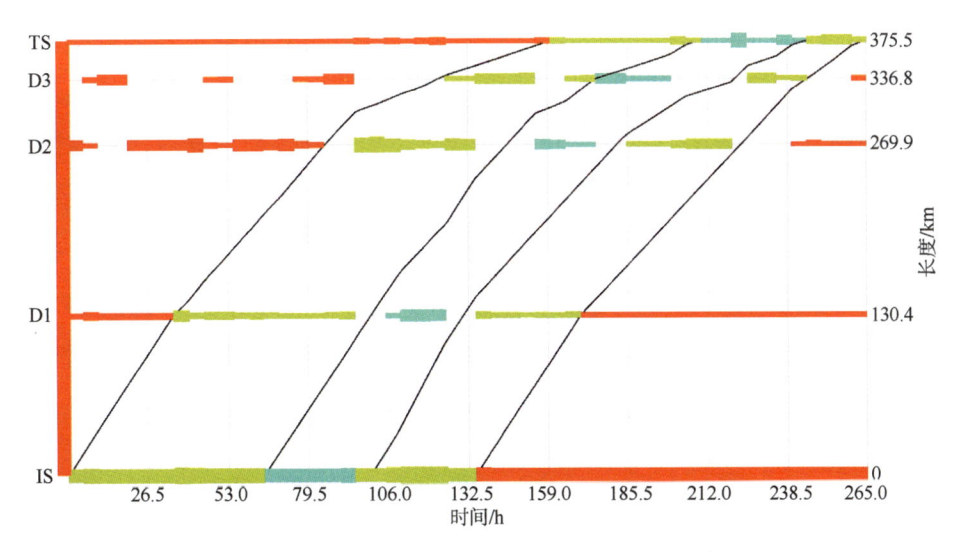

图 8.10 批次运移图(基于压力控制的调度优化方法求解得到)

表 8.4 分输站实际分输量

站场	分输量/t				
	B1 0#柴油	B2 92#汽油	B3 95#汽油	B4 92#汽油	B5 0#汽油
D1	6195	9643	4670	5167	16082
D2	19728	11452	3365	6748	3461
D3	9754	7788	4163	3802	636
TS	21521	6117	5802	4283	0

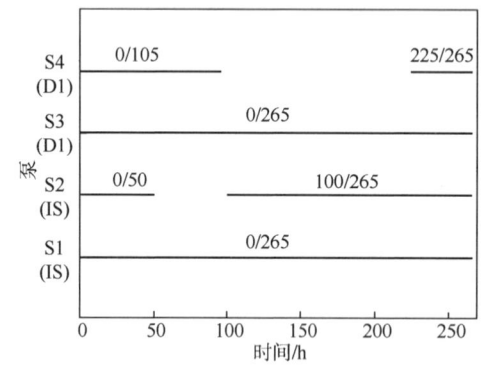

图 8.11 泵运行方案图
（基于压力控制的调度优化方法求解得到）

各管段流量及各分输站的分输流量见附录 B 图 B.3 和图 B.4，所有的流量均在可接受的范围内。站场进口、出口压力见附录 B 图 B.5，所有压力均在可接受的范围内。图 8.11 为两个泵站的详细运行方案。通常，切泵操作发生在以下两种情况：一种是管道流量随分输操作而显著变化；另一种是泵送油品的密度发生变化。前者导致沿程摩阻发生变化，后者导致泵提供压力的变化。在调度期间，两个泵站的所有泵在开始时刻都处于运行状态。IS 中泵的切换次数为 2（在第 50h，关闭 S2，在第 100h，再次开启 S2），而 D1 中进行了 2 次切泵操作（在第 105h，关闭 S4，在第 225h，再次开启 S4）。泵站内各操作方案的最短运行时间为 40h，超过了 10h（最小时间间隔限制），避免了泵的频繁操作。

附录 A 第 6 章算例结果补充

表 A.1 分输站场油品需求量(某虚拟管道系统)

站场	油品	需求体积/$10^2 m^3$	需求时间/h
D1	95#汽油	100	15~168
D1	92#汽油	88	20~115
D1	0#柴油	87	50~145
D2	92#汽油	165	15~168
D2	0#柴油	70	10~95
D3	95#汽油	64	10~168
D3	0#柴油	50	15~145
TS	95#汽油	50	0~168
TS	92#汽油	204	0~168
TS	0#柴油	50	0~168

表 A.2 基础管道数据

管段	外径/mm	壁厚/mm	长度/km	无混油流量范围/(m^3/h)	有混油流量范围/(m^3/h)
IS—D1	323.9	7.1	37.0	50~500	125~500
D1—D2	323.9	7.1	65.4	50~500	125~500
D2—P2	323.9	7.1	20.6	50~500	125~500
P2—D3	323.9	7.1	16.4	50~500	125~500
D3—D4	273.1	6.4	54.8	50~500	75~500
D4—TS	273.1	6.4	29.8	50~500	75~500

表 A.3 分输站场油品需求量(某实际管道系统)

站场	油品	需求体积/$10^2 m^3$	需求时间/h
D1	95#汽油	10	40~75
D1	92#汽油	15	40~75
D1	0#柴油	20	0~40

续表

站场	油品	需求体积/$10^2 m^3$	需求时间/h
D2	95#汽油	5	0~40
D2	92#汽油	28	40~75
D2	0#柴油	34	60~75
D3	95#汽油	36	0~75
D3	92#汽油	20	45~75
D4	0#柴油	20	0~15
D4	95#汽油	37	25~65
TS	92#汽油	16	0~50
TS	0#柴油	25	30~75

表 A.4 管线基础数据

管段	管段长度/km	管段内径/mm
IS—D1	130.4	492.2
D1—D2	139.5	492.2
D2—D3	66.9	441.2
D3—TS	38.7	441.2

表 A.5 管段流量上、下限

管段	管段流量上限/(m^2/h)	管段流量下限(无混油界面)/(m^3/h)	管段流量下限(存在 0#柴油与92#汽油界面)/(m^3/h)	管段流量下限(存在 95#汽油与92#汽油界面)/(m^3/h)
IS—D1	1100	100	680	550
D1—D2	1100	100	680	550
D2—D3	1100	100	550	440
D3—TS	1100	100	550	440

表 A.6 分输站流量区间

站场	柴油的分输流量上限/(m³/h)	汽油的分输流量上限/(m³/h)	分输流量下限/(m³/h)
D1	900	950	100
D2	600	600	100
D3	580	580	100
TS	600	600	100

表 A.7 分输站所需油品种类和质量

站场	油品质量/t		
	92#汽油	95#汽油	0#柴油
D1	15000	8000	16000
D2	16000	6000	16000
D3	14000	3000	11000
D4	9000	3000	20000

表 A.8 管道基础数据

管段	管存油品体积/m³	管道流量上限/(m³/h)	管道流量下限/(m³/h)	管道严格下限流量/(m³/h)
IS—D1	13700	900	480	480
D1—D2	6760	800	450	480
D2—D3	5450	800	0	280
D3—D4	10400	400	130	200
D4—D5	3920	220	100	140
D5—TS	5280	200	0	140

表 A.9 运行流量区间

站场	工作流量上限/(m³/h)	工作流量下限/(m³/h)
IS	900	480
D1	100	40
D2	480	80
D3	400	90
D4	300	65
D5	60	30
TS	200	50

表 A.10 注入站 IS 注入计划

批次	油品类型	计划注入量/m³
2	P2	6000
3	P1	1000
4	P3	7765
5	P4	12500
6	P3	28735
7	P1	56000

表 A.11 各分输站的需求计划

站场	油品需求/m³			
	P1	P2	P3	P4
D1	1000	0	900	0
D2	9500	4000	12100	6300
D3	26500	0	8500	3000
D4	4500	2000	4500	1000
D5	1500	0	2000	0
TS	14000	0	8500	2200

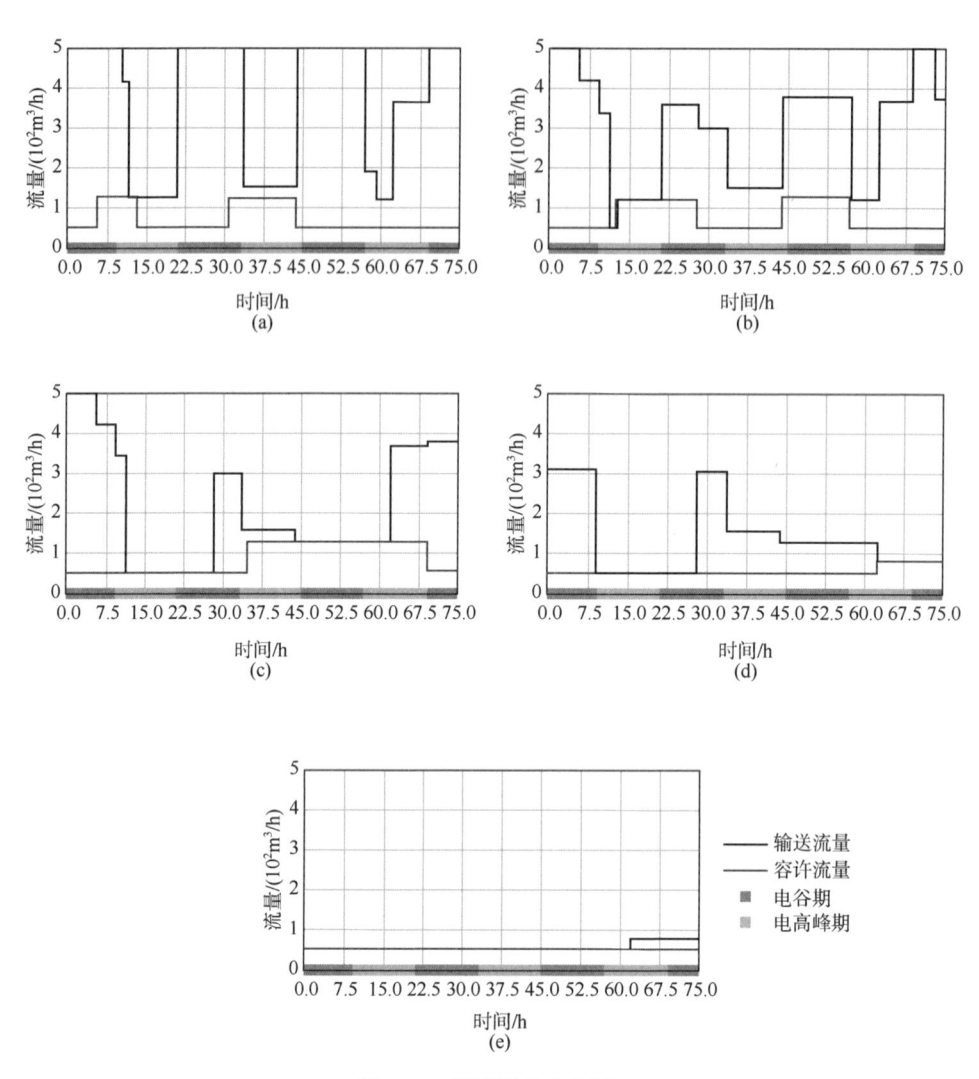

图 A.1 管道流量变化图

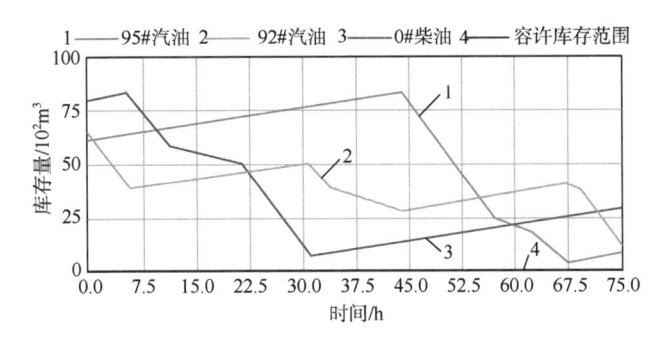

图 A.2　油品库存变化图

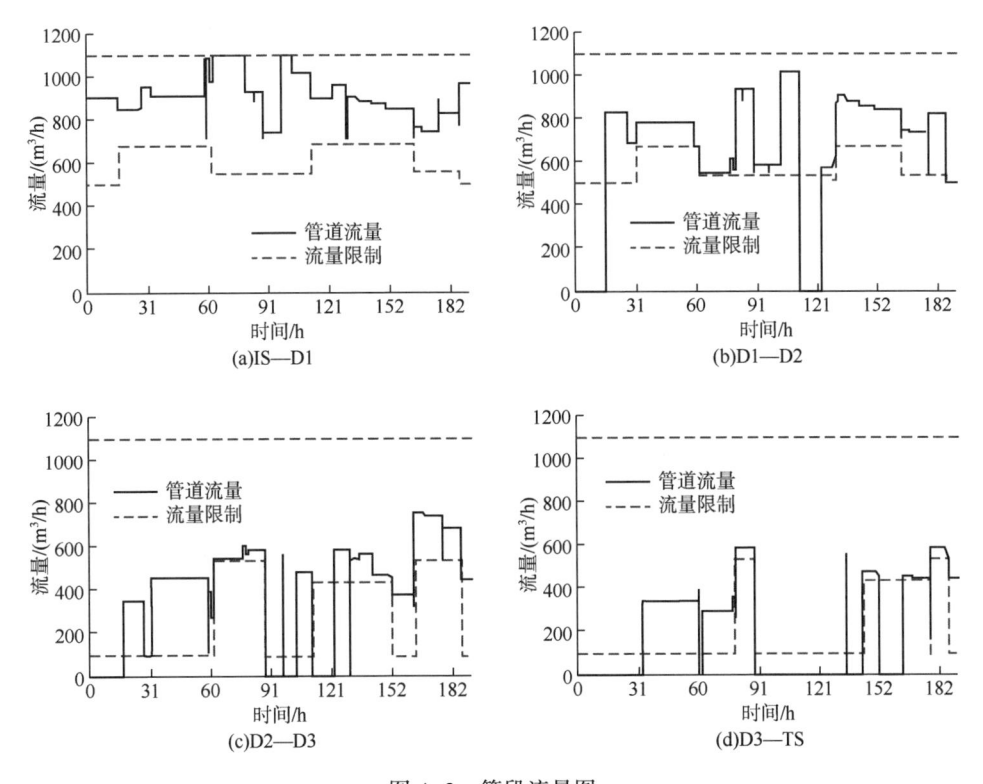

(a)IS—D1

(b)D1—D2

(c)D2—D3

(d)D3—TS

图 A.3　管段流量图

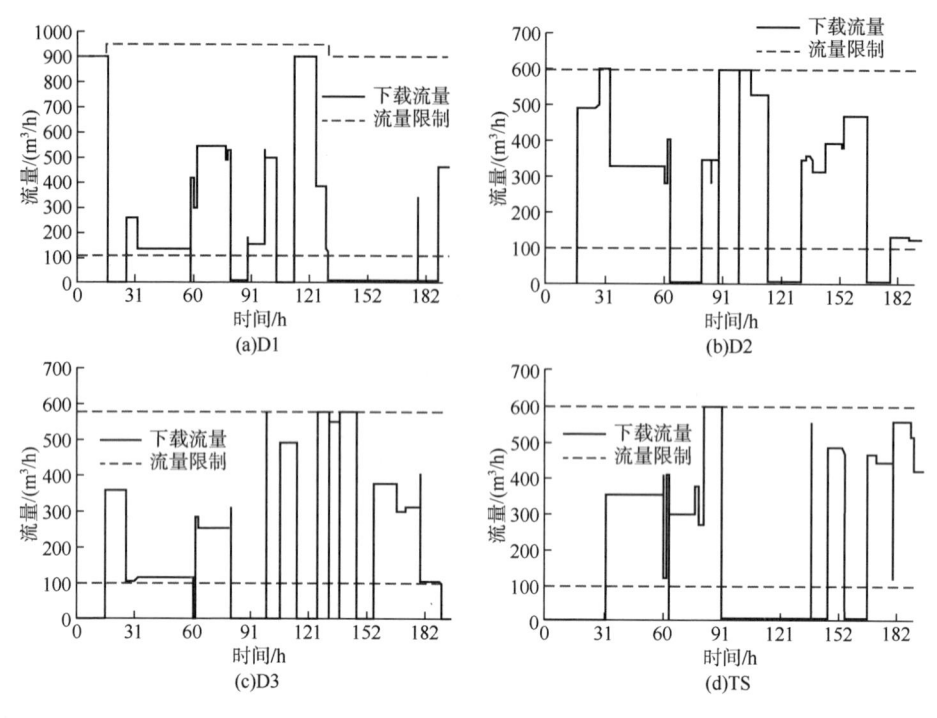

图 A.4　不同分输站的分输流量图

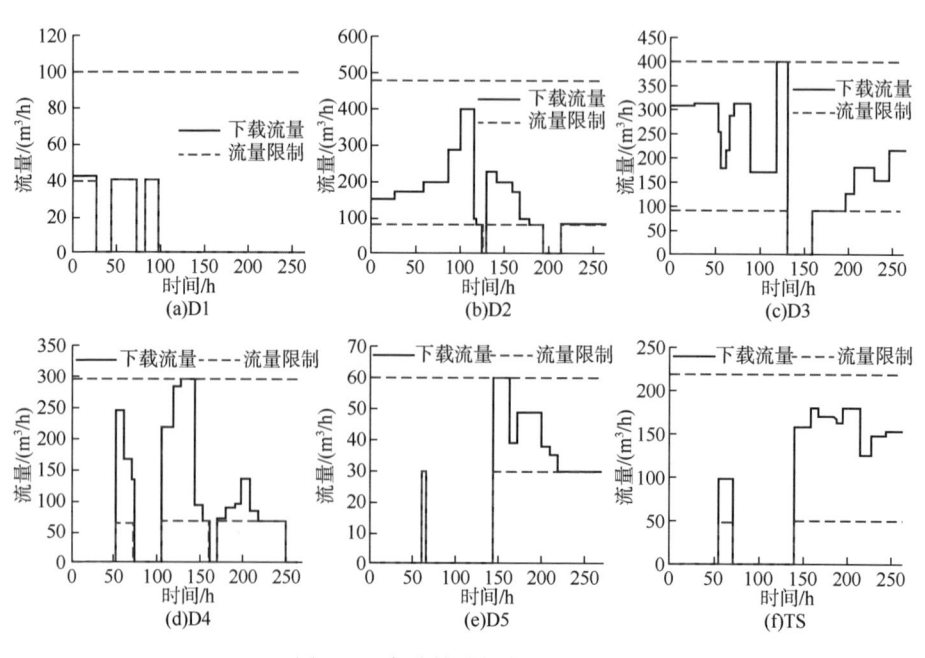

图 A.5　各分输站的分输流量图

附录 B 第 8 章算例结果补充

图 B.1 各管段流量图(基于流量控制的调度优化方法求解得到)

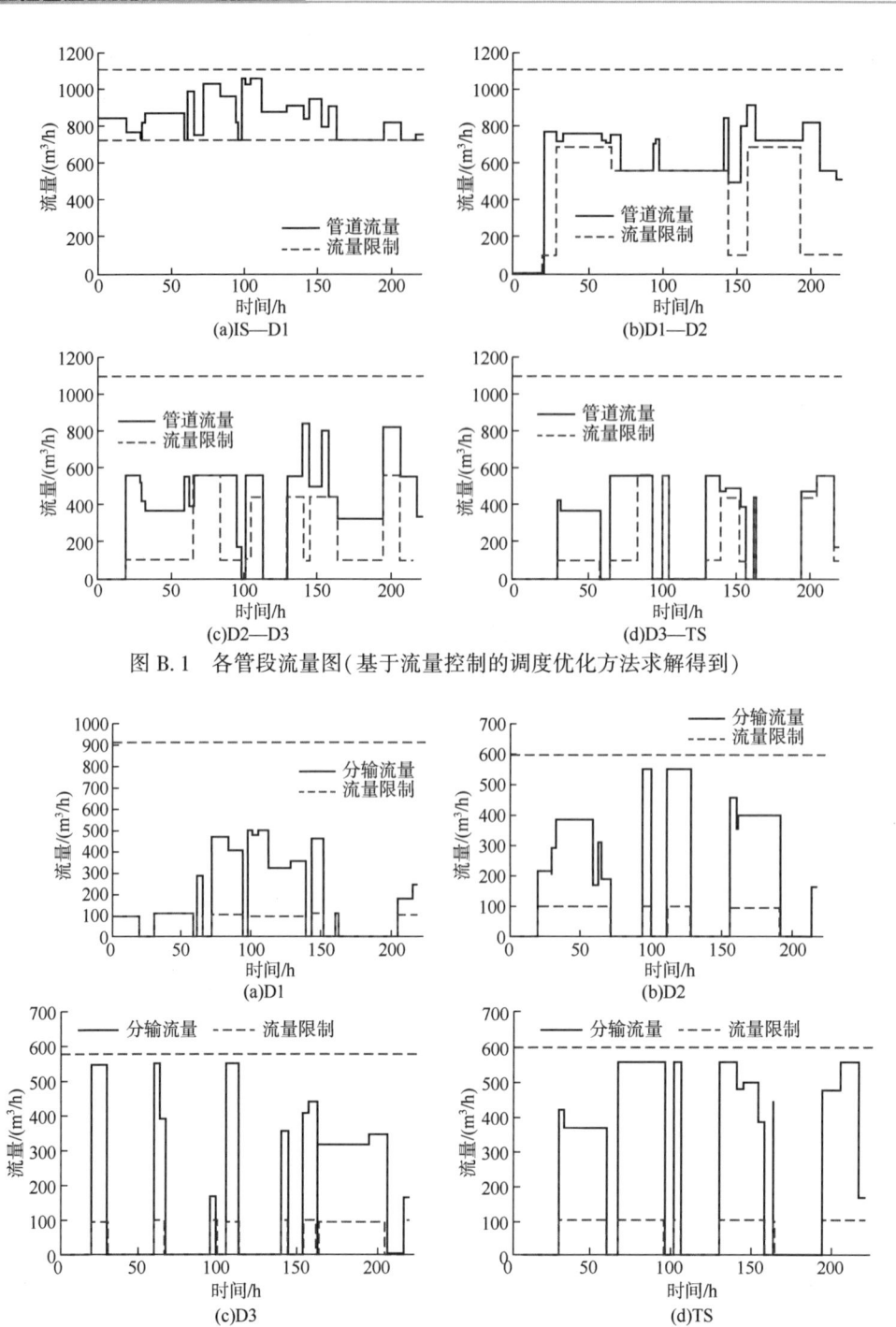

图 B.2 各分输站流量图(基于流量控制的调度优化方法求解得到)

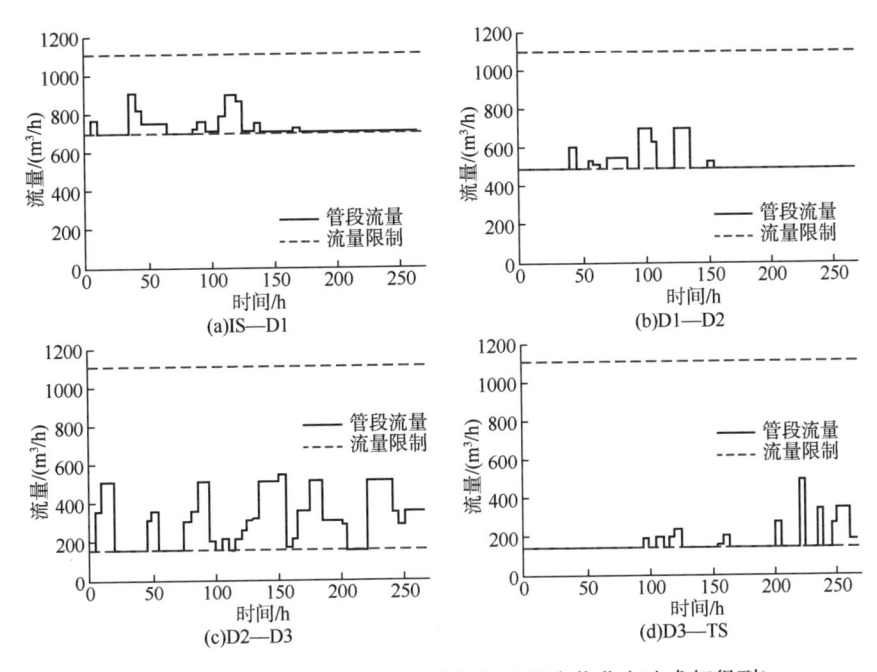

图 B.3 各管段流量图(基于压力控制的调度优化方法求解得到)

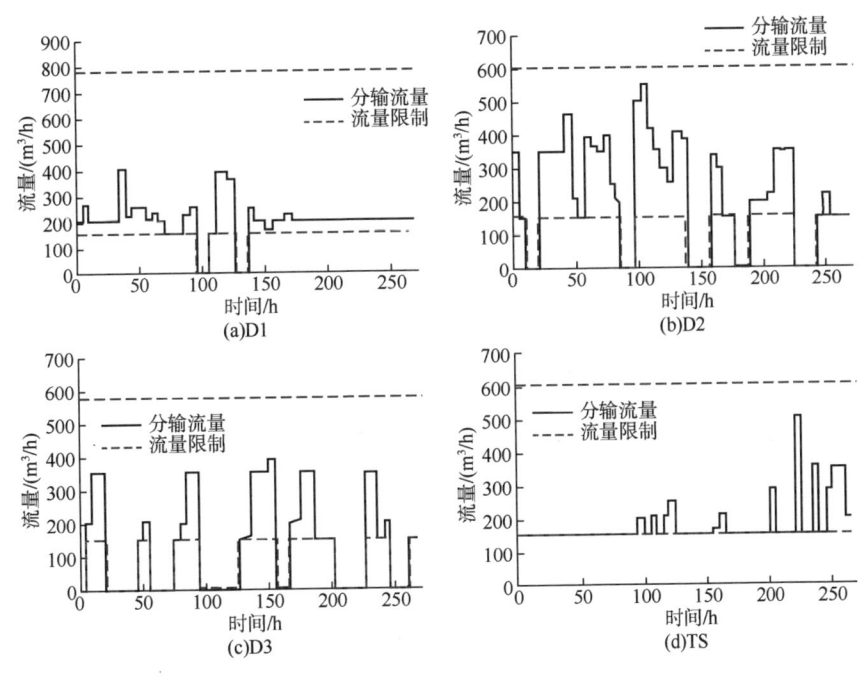

图 B.4 各分输站流量图(基于压力控制的调度优化方法求解得到)

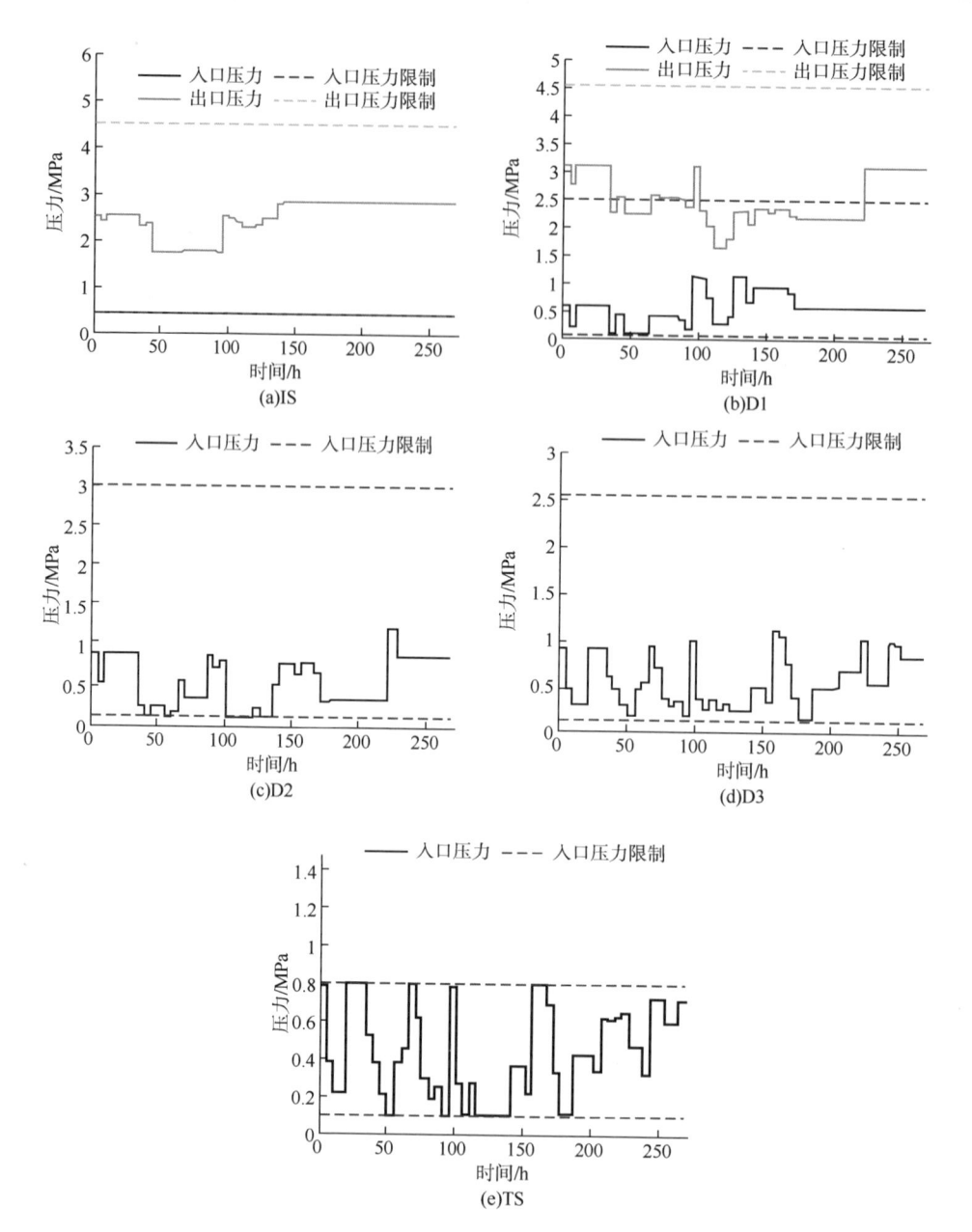

图 B.5 各站场进口、出口压力图

附录 C 参数和变量符号说明

C.1 集合与角标

$f \in F = \{1, 2, \cdots, f^{\max}\}$ 表示泵运行方案编号集合，$f^{\max}$ 表示泵运行方案的最大编号。

$i \in I = \{1, 2, \cdots, i^{\max}\}$ 表示所有批次编号的集合，$i^{\max}$ 表示批次编号最大编号。

$i^{\text{new}} \in I^{\text{new}} = \{1, 2, \cdots, i^{\text{new,max}}\}$ 表示新批次编号的集合，新批次定义为在研究时间初始时间节点还没有进入管道中的批次，$I^{\text{new}} \subset I$。

I^{old} 表示旧批次(管道中已存在批次)编号的集合。

I_s^{N} 表示 s 分输站有需求的批次编号集合。

I^{L} 表示批次油头与前一批次油尾形成混油界面的批次集合。

$k \in K_s = \{1, 2 \cdots; k_s^{\max}\}$ 表示泵站 s 内输油泵编号(如果节点 s 不是泵站，它的 K_s 为 0)。$k_s^{\max}$ 表示输油泵的最大编号。

L 表示管道的非大落差区集合。

$n \in N = \{1, 2, \cdots, n_t^{\max}\}$ 表示第二层级时间节点编号的集合。

$p \in P = \{1, 2, \cdots, p^{\max}\}$ 表示油品编号的集合。

$r \in R = \{1, 2, \cdots, r^{\max}\}$ 表示可行流量组合编号集合，$R = \{R_1^{\text{S}} \cup R_2^{\text{S}} \cup \cdots \cup R_{t^{\max}-1}^{\text{S}}\}$。

P_p 表示与油品 p 不能相邻输送的油品种类的集合。

R_t^{S} 表示时间窗$(t, t+1)$内可行流量组合编号集合。

$s \in S = \{1, 2, \cdots, s^{\max}\}$ 表示所有注入站(输入站)、分输站、泵站、变径点、高点、低点及末站管道等重要节点的编号集合，$s = 1$ 表示管道始端注入站，$s^{\max}$ 表示管道末站编号。

S^{R} 表示所有注入站编号的集合。

S^{D} 表示所有分输站编号的集合。

S_s^{U} 表示站场 s 上游管段的集合。

S_s^D 表示站场 s 下游管段的集合。

$t \in T = \{1, 2, \cdots, t^{max}\}$ 表示(第一层级)时间节点编号集合，t^{max} 表示时间节点的最大编号。

$T_{s,i}$ 表示 s 分输站分输 i 批次时间窗集合。

C.2 参数

$a_{s,k}$，$b_{s,k}$ 表示泵站 s 输油泵 k 的特性曲线系数。

$b_{i,t}^{TJD}$ 表示若在 $(t, t+1)$ 时间窗注入站正在注入 i 批次，则 $b_{i,t}^{TJD} = 1$，否则 $b_{i,t}^{TJD} = 0$。

$b_{s,i,t}^{TD}$ 表示若在 $(t, t+1)$ 时间窗第 s 站可以分输 i 批次，则 $b_{s,i,t}^{TD} = 1$，否则 $b_{s,i,t}^{TD} = 0$。

$b_{s,i,t}^{TS}$ 表示若在 $(t, t+1)$ 时间窗内 i 批次油头处于 s 管段内，则 $b_{s,i,t}^{TS} = 1$，否则 $b_{s,i,t}^{TS} = 0$。

$b_{i,p}^{JO}$ 表示若 i 批次输送的是第 p 油品，则 $b_{i,p}^{JO} = 1$，否则 $b_{i,p}^{JO} = 0$。

$c_{s,k}$，$d_{s,k}$，$e_{s,k}$ 表示泵站 s 输油泵 k 的功率计算系数。

c^B 表示实际分输体积与需求量之间单位体积偏差造成的费用。

C^E 表示工业电价。

C^F 表示单次启停泵费用系数。

$c_{f,s}^T$ 表示在泵运行方案 f 下，站场 s 泵送 $1m^3$ 水的单位成本。

$c_{t,f,s}^U$ 表示时间窗 $(t, t+1)$ 内，在泵运行方案 f 下，站场 s 的单位泵运行费用。

g 表示重力加速度。

Δh 表示最小的相邻切泵操作的间隔时间。

h 表示调度计划的最大时长

$H_{t,n,s,k}$ 表示第一层级时间窗 t 下第二层级时间窗 n 内泵站 s 输油泵 k 的扬程。

M 表示一极大正数。

P_s^{JZmin} 表示节点 s 的最小进口压力。

P_s^{JZmax} 表示节点 s 的最大进口压力。

P_s^{JPmin} 表示当泵站 s 内有输油泵开启时，泵站 s 的最小进站压力。

P_s^{CZmin} 表示节点 s 的最小出口压力。

P_s^{CZmax} 表示节点 s 的最大出口压力。

$q_{s,p}^{\text{P}}$ 表示注入站 s 油品 p 的生产速率。

q_s^{Jmin} 表示注入站 s 注入流量下限。

q_s^{Jmax} 表示注入站 s 注入流量上限。

q_s^{Dmin} 表示分输站 s 的分输流量下限。

q_s^{Dmax} 表示分输站 s 的分输流量上限。

q_s^{PLmin} 表示第 s 站到第 $s+1$ 站之间管段的运行流量下限。

q_s^{PLmax} 表示第 s 站到第 $s+1$ 站之间管段的运行流量上限。

$q_{r,s}^{\text{PN}}$ 表示流量组合 r 中站场 s 的流量下限。

$q_{r,s}^{\text{PX}}$ 表示流量组合 r 中站场 s 的流量上限。

$Q_{t,n,s}$ 表示第一层级时间窗 t 下第二层级时间窗 n 泵站 s 的流量。

$Q_{s,k}^{\text{Pmin}}$ 表示泵站 s 输油泵 k 允许流过的流量下限。

$Q_{s,k}^{\text{Pmax}}$ 表示泵站 s 输油泵 k 允许流过的流量上限。

$T_{s,k}^{\text{S}}$ 表示泵站 s 输油泵 k 的最小启停时长要求。

τ_t^{L} 表示第一层级时间窗 t 下第二层级时间窗 n 的开始时间节点（离散时间模型）。

$v_{s,p}^{\text{S}}$ 表示第 s 站对第 p 油品的需求量。

v_l^{L} 表示整条管道的体积坐标。

v_s^{ZS} 表示站场 s 的体积坐标。

v_i^{ZJ} 表示第 i 批次的体积坐标。

v_i^0 表示初始时间节点处批次 i 的体积。

$v_{s,p}^{\text{J},0}$ 表示初始时间节点处注入站 s 油品 p 的库存体积。

$v_{s,p}^{\mathrm{SJ},0}$ 表示初始时间节点处分输站 s 油品 p 的库存体积。

v_s^{Jmin} 表示注入站 s 的注入体积下限。

v_s^{Jmax} 表示注入站 s 的注入体积上限。

v_s^{Dmin} 表示分输站 s 的分输体积下限。

v_s^{Dmax} 表示分输站 s 的分输体积上限。

$v_{s,p}^{\mathrm{INVmin}}$ 表示注入站 s 第 p 油品的罐存下限。

$v_{s,p}^{\mathrm{INVmax}}$ 表示注入站 s 第 p 油品的罐存上限。

$v_{s,p}^{\mathrm{SJmin}}$ 表示分输站 s 第 p 油品的罐存下限。

$v_{s,p}^{\mathrm{SJmax}}$ 表示分输站 s 第 p 油品的罐存上限。

$v_s^{\mathrm{S,min}}$ 表示第 s 站到第 $s+1$ 站之间管段的体积下限。

$v_s^{\mathrm{S,max}}$ 表示第 s 站到第 $s+1$ 站之间管段的体积上限。

$v_p^{\mathrm{P,max}}$ 表示油品 p 可以运移的最大体积。

$v^{\mathrm{L,min}}$ 表示管道可以运移的最小体积。

$v^{\mathrm{L,max}}$ 表示管道可以运移的最大体积。

v^{min} 表示最小批量要求。

v_n^{ZNmax} 表示非大落差区体积坐标上限。

v_n^{ZNmin} 表示非大落差区体积坐标下限。

V 表示管段的总容积大小。

$y_{i,p}$ 表示若管道中初始时间节点存在的批次 i 属于油品 p，则 $y_{i,p}=1$，否则 $y_{i,p}=0$。

$\eta_{t,n,s,k}$ 表示第一层级时间窗 t 下第二层级时间窗 n 内泵站 s 输油泵 k 的效率。

$\alpha_{t,s}$ 表示时间窗 $(t, t+1)$ 内，第 s 站到第 $s+1$ 站间的管输流量与注入站注入流量之比。

$\delta_{p,i}$ 表示如果批次 i 对应油品 p，$\delta_{p,i}=1$，否则，$\delta_{p,i}=0$。

$\gamma_{r,f}$ 表示在泵运行方案 f 下,以最大流量组合 r 运行时,末站无须节流,$\gamma_{r,f}=1$;否则,$\gamma_{r,f}=0$。

$\rho_{t,n,s}$ 表示第一层级时间窗 t 下第二层级时间窗 n 内流过泵站 s 的油品密度。

C.3 连续变量

C_t^P 表示时间窗 $(t,t+1)$ 内输油泵的运行费用。

$E_{s,p}^A$ 表示线性化目标函数时引入的人工变量。

$E_{s,p}^B$ 表示线性化目标函数时引入的人工变量。

ΔIQ_t 表示在时间窗 t 内的管段始端注入流量值。

$LC_{i,t}$ 表示时间节点 t 处批次 i 的左体积坐标。

$P_{t,n,s}^{IN}$ 第一层级时间窗 t 下第二层级时间窗 n 的开始时间节点 s 的入口压力。

$P_{t,n,s}^{OUT}$ 第一层级时间窗 t 下第二层级时间窗 n 的开始时间节点 s 的出口压力。

$P_{t,n,s}^{H}$ 第一层级时间窗 t 下第二层级时间窗 n 内泵站 s 所提供的压力。

$Q_{t,i,1}$ 表示在时间窗 t 内的注入站($s=1$)注入油品批次 i 的流量值。

$Q_{t,i,s}(s \geq 2)$ 表示在时间窗 t 内的沿线分输站场 s 分输油品批次 i 的流量值。

$RC_{i,t}$ 表示时间节点 t 处批次 i 的右体积坐标。

$\tau_{t,n}^{L}$ 表示第一层级时间窗 t 下第二层级时间窗 n 的开始时间节点(混合时间模型)。

ΔT_i 表示管段内油品批次 i 的油头在管内的停留时间值大小。

$\Delta T_{i,1}$ 表示管道注入站($s=1$)针对油品批次 i 的注入持续时间值大小。

Δt_i 表示时间窗 t 的时间跨度值大小,并将批次 i 所涉及的时间窗 Δt_1,

Δt_2，…，Δt_{t-1}，Δt_t，分为 Δt_1，Δt_2，…，$\Delta t_{t'-1}$，$\Delta t_{t'}$ 和 $\Delta t_{t'+1}$，$\Delta t_{t'+2}$，…，Δt_{t-1}，Δt_t 两部分。

$T_{i,s}(s \geq 2)$ 表示批次 i 到达站场 s 的时间点。

τ_t 表示第 t 时间节点对应的时间。

$V_{i,t}$ 表示时间节点 t 处批次 i 的体积。

$V_{s,i,t}^{SJ}$ 表示分输站 s 在时间窗 t 内分输 i 批次的体积。

$V_{s,i,t}^{J}$ 表示注入站 s 在时间窗 t 内注入 i 批次的体积。

$V_{s,p,t}^{J,d}$ 表示注入站 s 在时间窗 t 内注入 p 油品的体积。

$V_{s,p,t}^{INV}$ 表示第 t 时间节点注入站 s 第 p 油品的罐存量。

$V_{s,p,t}^{SJ}$ 表示第 t 时间节点分输站 s 第 p 油品的罐存量。

$V_{s,t}^{S}$ 表示第 s 站到第 $s+1$ 站之间管段在时间窗 t 内通过油品的体积。

$V_{s,t}^{P}$ 表示 $(t，t+1)$ 时间窗内 s 分输站前一根管段的油品运移体积。

$V_{s,p}^{X}$ 表示第 s 站对第 p 油品的实际分输体积。

V_{t}^{J} 表示 $(t，t+1)$ 时间窗内首站注入油品的体积。

$V_{s,i,p}^{SJ}$ 表示第 s 站在第 i 批次中分输第 p 油品的体积。

$V_{p,t}^{INV}$ 表示第 t 时间节点注入站第 p 油品的罐存量。

$V_{s,t}^{D}$ 表示 $(t，t+1)$ 时间窗内第 s 站分输体积。

V_{i}^{ZJ} 表示第 i 批次的体积坐标，$i \in I^{new}$。

$V_{i,1}$ 表示管道注入站 $(s=1)$ 注入油品批次 i 的总体积量。

$V_{i,s}$ 表示 ΔT_i 内站场 s 针对批次 i 的分输体积总需求。

$V_{t,i,s}(s \geq 2)$ 表示在时间窗 t 内的沿线站场 s 分输油品批次 i 的体积量。

V_{t}^{J} 表示时间窗 $(t，t+1)$ 内注入站的注入量。

$V_{t,s}^{S}$ 表示时间窗 $(t，t+1)$ 内管段 $(s，s+1)$ 的输送量。

$V_{s,p}^{X}$ 表示管段 $(s，s+1)$ 的油品 p 的输送量。

C.4 二元变量

$A_{t,r}$ 表示如果时间窗 $(t, t+1)$ 内，流量组合 r 被选择，$A_{t,r}=1$，否则，$A_{t,r}=0$。

$B_{s,i,t}^{\text{TJD}}$ 表示若注入站 s 在时间窗 t 内在注入第 i 个批次的油品，则 $B_{s,i,t}^{\text{TJD}}=1$，否则 $B_{s,i,t}^{\text{TJD}}=0$。

$B_{s,t}^{\text{TJD,idle}}$ 表示若注入站 s 在时间窗 t 内停止运行，则 $B_{s,t}^{\text{TJD,idle}}=1$，否则 $B_{s,t}^{\text{TJD,idle}}=0$。

$B_{s,i,t}^{\text{TD}}$ 表示若分输站 s 在时间窗 t 内在分输第 i 个批次的油品，则 $B_{s,i,t}^{\text{TD}}=1$，否则 $B_{s,i,t}^{\text{TD}}=0$。

$B_{s,t}^{\text{TD,idle}}$ 表示若分输站 s 在时间窗 t 内停止运行，则 $B_{s,t}^{\text{TD,idle}}=1$，否则 $B_{s,t}^{\text{TD,idle}}=0$。

$B_{s,t}^{\text{S}}$ 表示若第 s 站到第 $s+1$ 站之间管段处于运行状态，则 $B_{s,t}^{\text{S}}=1$，否则 $B_{s,t}^{\text{S}}=0$。

$B_{i,p,t}^{\text{L}}$ 表示若在时间窗 t 内管道内存在属于第 p 油品的批次 i，则 $B_{i,p,t}^{\text{L}}=1$，否则 $B_{i,p,t}^{\text{L}}=0$。

$B_{s,t}^{\text{TO}}$ 表示若在 $(t, t+1)$ 时间窗内第 s 站分输油品，则 $B_{s,t}^{\text{TO}}=1$，否则 $B_{s,t}^{\text{TO}}=0$。

$B_{s,t}^{\text{IS}}$ 表示若在 $(t, t+1)$ 时间窗内第 s 站到第 $s+1$ 站间管段停输，则 $B_{s,t}^{\text{IS}}=1$，否则 $B_{s,t}^{\text{IS}}=0$。

$B_{i,t}^{\text{S}}$ 表示若第 i 批次油头所在管道在 $(t, t+1)$ 时间窗内，则 $B_{i,t}^{\text{S}}=1$，否则 $B_{i,t}^{\text{S}}=0$。

$B_{i,t,l}^{\text{SN}}$ 表示若第 i 批次油头在 $(t, t+1)$ 时间窗内处于第 l 管道非大落差区时停输，则 $B_{i,t,l}^{\text{SN}}=1$，否则 $B_{i,t,l}^{\text{SN}}=0$。

$B_{t,n,s,k}^{\text{SP}}$ 表示如果泵站 s 的输油泵 k 在第一层级时间窗 t 下第二层级时间窗 n 内是开启的，则 $B_{t,n,s,k}^{\text{SP}}=1$，否则 $B_{t,n,s,k}^{\text{SP}}=0$。

$B_{t,n,s,k}^{\text{CP}}$ 表示如果第一层级时间窗 t 下第二层级时间窗 n 内泵站 s 的输油泵 k 的启停状态与前一个时间窗不同，则 $B_{t,n,s,k}^{\text{CP}}=1$，否则 $B_{t,n,s,k}^{\text{CP}}=0$。

$S_{t,i,s}^{\text{Z}}$ 表示如果时间节点 t 批次 i 的油头体积坐标超过站场 s 体积坐标，则

$S^z_{t,i,s}=1$；否则 $S^z_{t,i,s}=0$。

$X_{t,i,s}$ 表示时间窗 t 内的沿线站场 s 针对油品批次 i 的注入或分输计划是否存在，若存在，则 $X_{t,i,s}=1$，反之，则 $X_{t,i,s}=0$。例如，当 $s=1$ 时，$X_{t,i,s}=1$ 表示在时间窗 t 内的注入站针对油品批次 i 的注入计划存在。当 $s=\{1,2,\cdots,s^{\max}\}$ 时，$X_{t,i,s}=1$ 表示在时间窗 t 内的沿线站场针对油品批次 i 的分输计划存在。

$Y_{i,p}$ 表示若批次 i 属于油品 p，则 $Y_{i,p}=1$，否则 $Y_{i,p}=0$。

W^O_t 表示如果时间窗 $(t, t+1)$ 内，泵运行方案改变，则 $W^O_t=1$，否则 $W^O_t=0$。

参 考 文 献

[1] ROBERT T A R F T. Digital computer schedules Colonial operations from startup [J]. Oil and Gas Journal, 1964, 4(4): 94-100.

[2] MAGATAO L, ARRUDA L V, NEVES F. A mixed integer programming approach for scheduling commodities in a pipeline [J]. Comp Aid Ch, 2002, 10(1): 715-720.

[3] RELVAS S, MATOS H A, BARBOSA-POVOA A P F D, et al. Pipeline scheduling and inventory management of a multiproduct distribution oil system [J]. Ind Eng Chem Res, 2006, 45(23): 7841-7855.

[4] CAFARO D C, CERDA J. Efficient Tool for the Scheduling of Multiproduct Pipelines and Terminal Operations [J]. Ind Eng Chem Res, 2008, 47(24): 9941-9956.

[5] JR R R, PINTO J M. Scheduling of a multiproduct pipeline system [J]. Comput Chem Eng, 2003, 27(8): 1229-1246.

[6] CAFARO D C, CERDA J. Optimal scheduling of multiproduct pipeline systems using a non-discrete MILP formulation [J]. Comput Chem Eng, 2004, 28(10): 2053-2068.

[7] JR R R, PINTO J M. A novel continuous time representation for the scheduling of pipeline systems with pumping yield rate constraints [J]. Comput Chem Eng, 2008, 32(4-5): 1042-1066.

[8] CAFARO V G, CAFARO D C, MENDEZ C A, et al. Detailed Scheduling of Operations in Single-Source Refined Products Pipelines [J]. Ind Eng Chem Res, 2011, 50(10): 6240-6259.

[9] CAFARO V G, CAFARO D C, MENDEZ C A, et al. Detailed Scheduling of Single-Source Pipelines with Simultaneous Deliveries to Multiple Offtake Stations [J]. Ind Eng Chem Res, 2012, 51 (17): 6145-6165.

[10] CAFARO D C, CERDA J. Optimal Scheduling of Refined Products Pipelines with Multiple Sources [J]. Ind Eng Chem Res, 2009, 48(14): 6675-6689.

[11] CAFARO D C, CERDA J. Operational scheduling of refined products pipeline networks with simultaneous batch injections [J]. Comput Chem Eng, 2010, 34(10): 1687-1704.

[12] CAFARO V G, CAFARO D C, MENDEZ C A, et al. Optimization model for the detailed scheduling of multi-source pipelines [J]. Comput Ind Eng, 2015, 88(OCT.): 395-409.

[13] 张强,梁永图,王大鹏,等. 成品油管道调度计划算法的改进与应用[J]. 石油化工高等学校学报,2008,02):76-79.

[14] 宋飞,梁静华,李会朵,等. 成品油管道调度计划软件的开发与应用[J]. 油气储运,2004,02):5-7+61-62.

[15] LIAO Q, CASTRO P M, LIANG Y, et al. Computationally Efficient MILP Model for Scheduling a Branched Multiproduct Pipeline System[J]. Ind Eng Chem Res,2019.

[16] 张浩然,梁永图,王宁,等. 多源单汇多批次顺序输送管道调度优化[J]. 石油学报,2015,36(009):1148-1155.

[17] 郭强. 枝状成品油管网调度计划编制研究[D]. 北京:中国石油大学(北京),2014.

[18] LIAOQI, PEDRO, M, et al. New batch-centric model for detailed scheduling and inventory management of mesh pipeline networks[J]. Comput Chem Eng,2019,130(10)65-68.

[19] 李彦苹. 枝状成品油管网批次计划优化研究[D]. 北京:中国石油大学(北京),2014.

[20] 任泽. 多通道成品油管道计划编制方案研究[D]. 北京:中国石油大学(北京),2017.

[21] A Q L, B H Z A, C Y W, et al. Heuristic method for detailed scheduling of branched multi-product pipeline networks[J]. Chemical Engineering Research and Design,2018,140:82-101.

[22] 霍连风,朱峰,徐亮,等. 成品油管网批次计划编制系统[J]. 化学工程与装备,2012,000(007):80-83.

[23] 梁永图,鲁岑,方涛. 成品油管道运行调度研究综述[J]. 石油天然气学报,2010,(05):355-359.

[24] 文林. 成品油管道顺序输送运行优化研究[D]. 西安:西安石油大学,2014.

[25] 梁永图,张浩然,邵奇. 成品油管网调度优化研究进展[J]. 油气储运,2015,034(007):685-688.

[26] CASTRO P M, BARBOSA-POVOA A P, MATOS H A, et al. Simple continuous-time formulation for short-term scheduling of batch and continuous processes[J]. Ind Eng Chem Res,2004,43(1):105-118.

[27] MOSTAFAEI H, CASTRO P M. Continuous-time scheduling formulation for straight pipelines[J]. AIChE Journal,2017.

[28] ZHANG H, LIANG Y, LIAO Q, et al. A hybrid computational approach for detailed scheduling of products in a pipeline with multiple pump stations [J]. Energy, 2017, 119(6)12-28.

[29] CASTRO P M, MOSTAFAEI H. Batch-Centric Continuous-Time Formulation for Pipeline Scheduling; proceedings of the Foundations of Computer Aided Process Operations / Chemical Process Control, F, 2017 [C].

[30] CASTRO, MIGUEL P. Optimal Scheduling of Multiproduct Pipelines in Networks with Reversible Flow [J]. Ind Eng Chem Res, 2017, acs.iecr.7b01685.

[31] RELVAS S, MATOS H A, BARBOSA-PóVOA A, et al. Reactive Scheduling Framework for a Multiproduct Pipeline with Inventory Management [J]. 2007, 46(17): 5659-5672.

[32] JANAK S L, LIN X X, FLOUDAS C A. A new robust optimization approach for scheduling under uncertainty - II. Uncertainty with known probability distribution [J]. Comput Chem Eng, 2007, 31(3): 171-195.

[33] RYU J H, DUA V, PISTIKOPOULOS E N. Proactive scheduling under uncertainty: A parametric optimization approach [J]. Ind Eng Chem Res, 2007, 46(24): 8044-8049.

[34] LI Z, IERAPETRITOU M G. Reactive scheduling using parametric programming [J]. Aiche Journal, 2010, 54(10): 2610-2623.

[35] CASTRO P M, GROSSMANN I E. Generalized Disjunctive Programming as a Systematic Modeling Framework to Derive Scheduling Formulations [J]. Ind Eng Chem Res, 2012, 51(16): 5781-5792.

[36] 陈海宏, 左丽丽, 吴长春. 成品油管道分输计划优化的启发式方法 [J]. 油气储运, 2020, 383(11): 50-55.

[37] LIAO Q, ZHANG H, XIA T, et al. A Data-driven Method for Pipeline Scheduling Optimization [J]. Chemical Engineering Research and Design, 2019, 144.

[38] HAORAN Z, YONGTU L, QI L, et al. A self-learning approach for optimal detailed scheduling of multi-product pipeline [J]. Journal of Computational & Applied Mathematics, 2018, 327: 41-63.

[39] 梁永图, 宫敬, 曹金水. 用成品油管道运行模拟软件制定分输调度计划 [J]. 油气储运, 2003, 22(9): 44-46.

[40] 崔艳雨, 陈世一, 吴先策. 兰成渝管道工程运行管理系统研究 [J]. 中国民航大学学报, 2003, 21(001): 30-32.

[41] 马晶,廖绮,周星远,等.甬绍金衢成品油管道调度计划自动编制软件研制与应用[J].石油化工高等学校学报,2016(6):86-91.

[42] 邵奇.耦合水力计算的成品油管道调度计划编制研究[D].北京:中国石油大学(北京),2016.

[43] 许诺.成品油管网批次计划优化及软件开发[D].北京:中国石油大学(北京),2014.

[44] LI Z K, IERAPETRITOU M. Process scheduling under uncertainty:Review and challenges[J]. Comput Chem Eng, 2008, 32(4-5):715-727.